我們的國粹

藝術故事

王　倩 / 雷紫翰 / 馬曉萍　編著

中 華 教 育

寫給小讀者的話

我們中國人的祖先，歷來很喜愛藝術。

常言說：百工百藝。的確，心靈手巧的古代中國人民，在各行各業都創造出了輝煌燦爛的藝術成就。

本書收集了三十多個藝術故事，包括書畫、歌舞、雕刻、建築、陶瓷等方面的古代藝術，以及皮影、刺繡、年畫、糖畫、風箏等民間傳統藝術。廣大的小讀者可以藉此機會，或領略中國古代藝術的傑出成就，或了解某些古代藝術具有傳奇色彩的緣起，或感受古代藝術家刻苦學藝的毅力、精益求精的精神，以及豐富多彩的藝術形式。

學海無涯，藝無止境。從這些生動有趣的傳統藝術故事中，希望你能得到美的熏陶，激發藝術創造的靈感。

蔡邕偶創飛白書

蔡邕是東漢著名的文學家、音樂家和書法家。漢獻帝時，他曾做過左中郎將，因此後人稱他為「蔡中郎」。

蔡邕小時候在太傅胡廣門下學習，胡廣很有學問，還擅長寫隸書。蔡邕總結了老師和前輩名家的用筆特點，練字時把它們融於筆下，日積月累，形成了自己的書法風格。他的書法結構嚴整，變化自如，他還創造了一種獨特的新書體 ——「飛白書」。

關於蔡邕創造飛白書，還流傳着一段有趣的故事呢！

蔡邕不是一個只會死讀書、乾練字的人，他經常出門散步，有時還會進行長途旅行，為的是隨時捕捉靈感，豐富閱歷。

有一次，漢靈帝命令蔡邕寫《聖皇篇》，蔡邕寫

完後去交文章。經過鴻都門（東漢時皇家藏書的地方）的時候，他看到那裏剛好在整修，有幾個工匠正在用掃帚蘸着石灰水刷牆，蔡邕就站在一邊看了起來。

剛開始，他不過是隨便看看。可看着看着，他就看出點門路來了。只見工匠一掃帚下去，牆上就出現了一道白印。由於掃帚苗非常稀疏，蘸不了多少石灰水，牆面又不太光滑，所以一掃帚下去，白道裏仍有些地方露出牆皮來。此情此景，讓蔡邕眼前不由得一亮。他想：以往寫字用筆蘸足了墨汁，一筆下去，筆道全是黑的，要是像工匠刷牆一樣，讓黑筆道裏露出些空白來，不是更加生動有趣嗎？想到這兒，他一下子來了興致，交上文章，就跑回家了。

一到家，蔡邕顧不上休息，立即準備好筆墨紙硯，想着工匠刷牆時的情景，提筆就寫。誰知想想容易，做起來卻很難。剛開始練習時，不是露不出「白」來，就是露出來的部分太生硬了。可他一點兒

也不灰心，一次又一次地嘗試。最後，他終於掌握了蘸墨多少、用力大小和行筆速度等技巧。經過一番苦練，他寫出的字筆畫中絲絲露白，好像用枯筆寫成的一樣，寫出來的字飄逸飛動，別有韻味。

蔡邕獨創的這種筆法，就是書法藝術中著名的「飛白書」。飛白技巧一經傳出，後世書法家紛紛仿效，而且很受歷代帝王青睞。據說，唐太宗寫的飛白書是當時的一絕；宋太宗的飛白書到了「入神」的境界，他的孫子宋仁宗更是後來者居上，明堂上的飛白書如長龍飛動。

俄國作家車爾尼雪夫斯基曾說過：「靈感是一個不喜歡拜訪懶漢的客人。」蔡邕能從生活的

細節中捕捉微妙的靈感，創造流芳百世的飛白書，與他平時處處留心是分不開的，這也是他刻苦鑽研和練習書法所獲得的獎賞。

9

　　除了在書法上有很高的造詣以外，蔡邕也精通音律。他曾經遇到有人燒一塊桐木，從桐木燃燒的聲音，他聽出這是一塊上好的木材，於是向人要了這塊桐木做琴。琴做好後，燒焦的痕跡猶在，於是被命名為「焦尾」。

　　還有一次，鄰人請蔡邕去家中聚會。蔡邕走到門口時，聽見裏面傳出的琴聲，嚇了一跳，轉身就走。主人追出來詢問原因，蔡邕說，他從音樂聲裏聽出了殺意。原來，彈琴的人剛剛看見螳螂正爬向一隻鳴蟬，蟬將飛未飛，螳螂隨着牠一進一退。彈琴的人心中緊張，怕螳螂捉不到蟬。蔡邕聽出的，正是這樣的「殺意」。

舉世無雙的 《蘭亭集序》

古代有一種風俗，在每年農曆三月初三，為了消災祈福，人們要去河邊沐浴，然後聚在一起飲酒暢談、玩遊戲，有情趣的人還作詩唱和……這種風俗叫「修禊」。

東晉永和九年（353），在浙江蘭亭附近舉行了一次修禊，參與者全都是文人墨客，其中包括大書法家王羲之。在這次盛大的聚會上，誕生了一幅空前絕後的行書精品 ——《蘭亭集序》。

王羲之早在七歲時，就拜著名的女書法家衞夫人為師。十二歲時，酷愛書法的父親親自教他臨摹。王羲之取長補短，吸收了各代大家的優點，一改漢魏質樸的書法風格，開了秀美流暢的行草書法先河。

在蘭亭的宴會上，文人雅士們聚在一起，開懷暢飲後，紛紛吟詩作賦，名言佳句朗朗而出。酒興正酣的王羲之也興致盎然，隨即拿起紙筆，洋洋灑灑，一口氣寫出了記述這次聚會盛況和表達自己感受的《蘭亭集序》。全文共二十八行，三百二十四個字，語言酣暢淋漓，字體矯健優美。特別是那二十幾個龍飛鳳舞的「之」字，竟然各有風姿，毫不雷同。

這篇文章語言優美，書法又如龍蛇飛動，一亮相就令在座的文人們拍案叫絕。再看此時的王羲之，卻已經醉意朦朧，不一會兒就睡着了。

第二天，王羲之酒醒了。當他睡眼惺鬆地看着書桌上的《蘭亭集序》時，不禁大吃一驚，連忙喚來書童，問道：「這篇絕妙的作品是何人所寫？」

書童忍俊不禁，答道：「先生，這是您自己的作品哪！」

王羲之半信半疑，書童見狀，只好請昨天一起

聚會的幾個朋友前來證實，王羲之這才相信《蘭亭集序》確實是自己的作品。

　　送走客人，王羲之回到書房，仔細欣賞起自己的作品，昨日熱鬧歡快的場景又浮現於腦海。於是，他提筆又寫了一遍《蘭亭集序》。寫完後，他立刻興高采烈地對比起自己的兩幅作品來，卻發現新寫的這一篇遠遠比不上昨天的那一篇。

　　王羲之不服氣，又重寫了幾遍，可是仍然比不上昨天寫的那幅。他洩氣地坐在椅子上，看着第一次寫的《蘭亭集序》發起愣來：「這到底是為甚麼呢？」不一會兒，他忽然大笑起來，因為他明白了，無論自己再怎麼發揮，也不可能達到昨天那種如痴如醉的創作狀態。

　　《蘭亭集序》展現了王羲之書法藝術的最高境界，有「天下第一行書」的美名。傳說唐太宗十分珍愛它，他去世後，後繼者把《蘭亭集序》作為隨葬品，和唐太宗一起埋進了昭陵。這幅書法珍品的原作雖然失傳了，但是曾經有許多書法家悉心地鑽研和臨摹過它，至今還有多種摹本流傳，可供我們欣賞。

14

歐陽詢人醜字美

歐陽詢是一位經歷過陳、隋、唐三個朝代的著名書法家。

歐陽詢的相貌比較醜，但是他的字寫得人見人愛，譽滿天下。他書寫的《九成宮醴泉銘》，是現存著名的楷書碑帖之一。

傳說有一次，唐太宗設宴招待朝中大臣，席間，大臣們互相戲謔調笑。趙國公長孫無忌作了一首詩，譏笑歐陽詢說：「聳膊成山字，埋肩不出頭。誰家麟閣上，畫此一獼猴。」這首打油詩，嘲諷歐陽詢高聳着兩肩，腦袋低垂，簡直像獼猴一樣。

歐陽詢一點兒也不示弱，立即反脣相譏道：「索頭連背暖，漫襠畏肚寒。只因心渾渾，所以面團團。」這首詩的意思是，我歐陽詢縮着腦袋是為了讓脊背溫暖，帶着肚兜是怕肚子受寒得病。不像你長孫

無忌，心中渾渾噩噩，成天繃着一張憂苦不安的大餅子臉。

唐太宗聽了，哈哈笑着說：「歐陽詢，你就不怕皇后知道嗎？」原來，趙國公長孫無忌是長孫皇后的親哥哥，可是，歐陽詢一點兒也不給他面子。

人不可貌相，這句話用在歐陽詢身上，再恰當不過了。

聰明好學的歐陽詢，熟讀過《史記》《漢書》和《東觀漢記》等。他酷愛書法，草書、篆書、隸書樣樣都會，尤其精於楷書。在隋代時，他的楷書就已經名滿天下了。

進入唐代後，已是高齡的歐陽詢並不滿足於已經取得的書法成就，依然痴迷於讀碑臨帖。唐武德年間（618—626），高麗（今朝鮮半島）君主專門派使者到長安來，希望能求得歐陽詢的書法作品。這讓唐高祖李淵大為驚訝：「真沒想到，歐陽詢的名聲會傳播得那麼遠！」

據說，有一次歐陽詢騎馬外出遊覽，在路旁偶然發現了一塊章草石碑。他勒馬走近一看，原來是晉代書法家索靖的手筆。他看了幾眼，覺得一般，走出幾百步後，轉念一想：索靖既然是當時的書法名家，那肯定有其獨到之處，何不看個明白？

於是，他調轉馬頭，重新來到那塊石碑前，翻身下馬，上上下下仔細地觀看，一字一字反覆地揣

摩。站累了，他乾脆取下墊馬鞍的氈墊，鋪到地上坐下來，用指頭在空中臨摹。就這樣，整整過了三天三夜，他終於領悟到了索靖用筆的妙處。

從最初仿效王羲之開始，歐陽詢經過勤學苦練，吸取別人的長處，終於形成了自己獨特的風格，自成一家。他的字體被稱作「歐體」，成為歷代學習楷書者所尊奉的楷模。

癲張醉素

在盛唐書壇，出現了兩位書法奇才，那就是張旭和懷素。他們的共同點就是將個性與藝術結合，把情感投入草書的書寫中，人們因此把他們合稱為「癲張醉素」。

張旭性格豪放，極愛喝酒，與李白、賀知章等名士合稱「酒中八仙」。

張旭每次寫草書前，一定要喝酒，然後藉着酒興提筆揮灑。有時為了盡興，他甚至把頭髮浸在墨汁裏，然後抓住飽蘸濃墨的長髮，狂呼大叫，在牆壁和屏風上東塗西抹，寫出來的「髮書」飄逸飛揚，妙趣橫生。因為他瘋狂的舉動，人們才叫他「張癲」。

其實「張癲」不癲，當時的人們都視他的字為珍寶。

張旭有個鄰居，家裏很窮，聽說張旭在外做官，

人又很慷慨，於是，就寫信給張旭，希望得到他的資助。張旭非常同情這位窮鄰居，便在信中寫道：「你只要說此信是張旭寫的，每個字都可要價百金。」鄰居半信半疑，照着他的話上街叫賣，果然不到半日，這十幾個字就被搶購一空。鄰居高興地回家，寫信感謝張旭。由此可見，當時人們對張旭的書法非常認可。

後來，懷素「以狂繼癲」，繼承和發展了張旭的書法風格。

懷素幼時出家為僧，從小就對書法懷有濃厚的興趣。小時候他因無錢買紙，曾用一個漆盤和一塊木板練字。最後，漆盤和木板被他寫穿了，寫禿了的筆能堆成一座小山。

之後，懷素便仿效古人在芭蕉葉上題詩的做法，在寺院後面種了很多株芭蕉，以葉代紙，不分日夜地勤奮練習。懷素居住的小屋周圍到處是芭蕉葉，他在

一片充滿詩意的綠色天地裏，刻苦練習書法。芭蕉葉光滑、不容易着墨的特點，讓懷素練成了那種忽斷忽連、乍乾乍濕的筆法。

懷素不但繼承了張旭的書法風格，而且寫字時的舉止也很像張旭。性格粗獷的他，雖然是和尚，卻時常違犯戒律，吃魚吃肉，還喜歡喝酒，並且十日九醉。每到半醉半醒時，他便提筆狂寫，牆壁、衣服、器皿，都成了他寫字的「紙張」。懷素寫出來的「狂草」圓勁有力，奔放流暢。當時的人給他起了個雅號「醉僧」，他的字也被稱為「醉僧書」。

日本有一位名人曾說過，一個沒有個性的人，只能做出一般的產品。同樣，一個沒有個性的藝術家，也只能創作出平淡無奇的作品。正因為張旭、懷素將各自獨特的個性融入書法之中，他們才攀登上了書法藝術的高峯。

　　張旭和懷素，都被後人譽為「草聖」。

　　唐文宗曾稱張旭的草書、李白的詩歌與裴旻的劍舞為「三絕」。

　　李白對張旭和懷素二人也極為讚賞與推崇，他曾作詩云：「楚人每道張旭奇，心藏風雲世莫知。三吳邦伯皆顧盼，四海雄俠兩追隨。」（《猛虎行》）他也曾專門寫下《草書歌行》讚美懷素：「少年上人號懷素，草書天下稱獨步⋯⋯」

顏真卿求祕訣

顏真卿是唐代傑出的書法家，他創立的「顏體」楷書，雄勁渾厚，筆畫如同柔韌有力的筋帶，獲得了「顏筋」的美譽。

作為《顏氏家訓》的作者顏之推的後人，顏真卿的曾祖父、祖父、父親都很好學，他們都是篆書和隸書的高手。顏真卿的母親殷氏，字也寫得很好。顏真卿三歲時喪父，靠母親撫養長大。由於家貧缺紙，他就將黃土用水稀釋，再用自製的筆蘸黃土水在牆上練字。

為了求得名師的指點，儘快學到寫字的訣竅，顏真卿曾拜張旭為師。

張旭是名聞天下的大書法家，各種字體都會寫，尤其擅長草書。但顏真卿拜師以後，張旭卻沒有半點兒透露書法祕訣的意思，只是告訴弟子：「你要堅持

臨摹名家碑帖呀！」

有時候，他帶着顏真卿去遊山玩水，或者去趕集、看戲。有時候，他讓顏真卿站在旁邊，細心觀摩自己揮毫寫字。

轉眼幾個月過去了，顏真卿始終念念不忘儘快求得祕訣，心中暗自嘀咕：「難道遊玩、看戲當中藏着書法祕訣嗎？」

終於有一天，顏真卿忍不住向張旭請教道：「老師，弟子很想讓您傳授一點兒寫字的祕訣。」

其實，顏真卿的心思，張旭早就看出來了，他語重心長地說：「學習書法，一要勤學苦練，二要從自然萬物中獲得啟發。平時，我不就是這樣教你的嗎？」

顏真卿聽了，以為老師還是不願傳授祕訣，不知不覺流露出失望的神色。

「我曾經看到過公主與挑夫爭路的情形，從中體會到一些運筆走墨的方法；我曾經觀看過公孫大娘舞

劍的情景，從中領悟到了落筆的神韻。」張旭根據自己的學習經驗，繼續耐心地開導，「要說有訣竅，就是除了苦練基本功，還得從書法以外的事物中去留心觀察和體會呀！」

老師的這番教誨，讓顏真卿終於明白：勤奮和領悟，就是取得成功的竅門。

從此，他一邊扎扎實實地埋頭苦練，一邊從生活中領悟運筆的技巧。工夫不負有心人，他最終成了「楷書四大家」之一。顏真卿書寫的《多寶塔碑》，作為古代書法精品，至今仍被珍藏在西安碑林。

三更燈火五更雞，正是男兒讀書時。

黑髮不知勤學早，白首方悔讀書遲。

這是顏真卿總結人生經驗所撰寫的《勸學》詩。和他的書法作品一樣，這首詩世代流傳，激勵着人們勤學上進。

柳公權拜師

在中國書法史上，有「顏筋柳骨」的說法。「柳骨」，指的是「柳體」書法瘦硬挺拔的特點。

「柳體」的創立者名叫柳公權，是唐代中後期人。

柳公權十二歲就能吟詩寫文章，並寫得一手好字，被人們稱為「神童」。

相傳有一天，柳公權和小伙伴正在樹蔭下練習寫字。這時，走過來一位賣豆腐的老人，柳公權得意地拿着自己寫的字跑上前去向老人炫耀。

老人看了看，皺着眉頭說：「你的字寫得就像我賣的豆腐一樣，一點兒筋骨都沒有。」

柳公權很不服氣，硬要老人寫個字讓他看看。老人笑着說：「不敢，不敢。我是個生意人，字寫得不好，可有人用腳都比你用手寫得好！不信，你明天進城去看看吧。」

　　第二天，柳公權早早起牀，獨自來到了城裏。一進城門，他就看見北街的大槐樹下圍了許多人。他也擠進人羣，只見一個沒有雙臂的黑瘦老人光着雙腳坐在地上，左腳壓着鋪在地上的紙，右腳夾着筆，正在蘸墨揮毫，創作書法作品。原來這位殘疾老人以寫字賣字為生，他寫出來的整幅字，好像萬馬奔騰，又似龍飛鳳舞，博得了圍觀者的陣陣喝彩。

　　柳公權看着看着，「撲通」一聲跪倒在老人面前，說：「我要拜您為師，師父，請受弟子一拜！」

柳公權再三向老人請教書法技巧，老人推辭不過，就用腳寫了幾句話：「寫盡八缸水，硯染澇池黑。博取百家長，始得龍鳳飛。」

柳公權把老人的話牢牢記在心裏，從此，他發奮練字，握筆的手指上磨出了厚厚的老繭。經過苦練，柳公權終於成為著名的書法家。

二十九歲那年，柳公權考中了進士，被派到地方上擔任下層官吏。一直到他四十多歲時，一次偶然的機會，唐穆宗在佛寺中看到了柳公權寫的字，非常欣賞，就召他到朝廷來任職。唐穆宗曾向柳公權請教運筆的祕訣，柳公權回答說：「用筆在心，心正則筆正。」唐穆宗當時迷戀服食長生不老藥，有些疏於朝政。他聽了柳公權的話，以為是在藉此批評自己，臉色立刻就變了。

至今作為珍貴文物被收藏在西安碑林的《玄祕塔碑》，是柳公權六十四歲時創作的書法作品，這幅作品骨力剛健，瘦硬俊朗，錯落有致，顧盼神飛，被公認為是難得的精妙佳作。

「無米」的米芾

米芾，北宋著名書畫家，字元章，祖居山西太原，後來遷到湖北襄陽。米芾出身於官宦家族，母親做過宋英宗皇后的乳母，他本人一生交往的也多是上層人物。但他的官職一直很低，主要是因為他把畢生的精力都放在了對書畫藝術的研究上。再加上他玩世不恭的個性與官場格格不入，所以他一直受到排擠。

米芾經常裝瘋賣傻，當時人們叫他「米顛」，「顛」就是「癲」的意思。他也曾戲稱自己寫的詩是小米，畫的畫是大米，寫的字是老米，做人就只剩無米了。「無米」的意思大概就是說，他有時有些「癲」。

米芾愛石成癖，特別喜愛硯台和怪石。他把硯台比作自己的頭，曾經抱着一塊至愛的端硯睡了三夜。還有一次，他喜歡上了朋友的寶硯，為了得到它，

居然抱着那方硯台要跳江。朋友無奈，只好把寶硯送給他。

更有意思的是，相傳他在安徽做地方官時，有人說當地的濡須河邊有一塊怪石，不知從哪裏來的。當地人很迷信，以為是「神靈之物」，不敢動它。米芾聽了後欣喜若狂，立即派人把石頭運到自己的住處。怪石一運到，他就擺好供桌，向石頭下拜，口中唸唸

有詞:「石頭大哥,我想見您已經有二十年了!」

由於這些古怪的行為,他遭到別人的彈劾。被罷官回家後,他不但一點兒也不難過,反而非常引以為豪呢。

米芾不但是個石痴,而且還有潔癖,以至於鬧出了不少笑話。

有一次,他得到了一塊上好的硯台,就向好友周種誇耀說:「這硯台是寶物,簡直是天地祕藏,專等我來鑒賞。」

周種說:「你雖然是個硯台行家,但你的收藏品有真也有假,這塊恐怕是假的。能給我看看嗎?」

米芾立刻打開竹筒,準備取硯,周種很尊重米芾好潔的習慣,也連忙洗手。米芾很高興,把硯台取出來給周種看。周種看後,讚歎道:「實在是寶物呀!但不知道能否下墨。」

米芾忙叫書童取水磨墨,水還沒有取來,只見周種朝硯池吐了一口唾沫,直接磨起墨來。米芾一

看，臉色立刻變了，他怒氣沖沖地說：「真是豈有此理！現在硯台被弄髒了，我不要了，你趕快把它拿走吧！」

原來，周稑知道米芾有潔癖，就故意和他開玩笑，並不是真想要他的東西，於是又把硯台還給米芾，但米芾卻堅決不要了。

米芾做人雖然很「無米」，寫的詩詞也平淡如「小米粥」，但他的「米家山水」煙雲朦朧，別有一番韻味。他的「米家刷字」更是飄逸豪邁，在宋代書法藝術中別具一格。

　　「米家山水」是由米芾及其兒子米友仁創立的山水畫樣式，主要描繪江南水鄉煙雲掩映、風雨顯晦的迷濛景色，畫法突破了前代畫家運用線條表現峯巒、樹木、雲水的傳統方法，只是通過墨的深淺濃淡來表現煙雲變幻、風雨微茫的景象，模糊中見意趣。

　　宋徽宗曾讓米芾評價當代書法高手的技藝，米芾說，蘇東坡「畫字」，黃庭堅「描字」，蔡襄「勒字」，而自己是「刷字」。聽上去彷彿是自謙之辭，但實際上評價十分精妙。「刷字」指中鋒行筆，運筆迅捷、勁健、沉着。蘇軾曾用「超逸入神」來形容米芾的書法。

「畫聖」吳道子

吳道子，唐玄宗給他賜名道玄，畫史上尊稱他為「畫聖」。

吳道子從小失去了父母，無依無靠，生活困苦。他起初練習書法，後來又改學繪畫。由於他天資聰穎，天賦十足，又肯刻苦鑽研，所以不滿二十歲就已經很有名氣了，被唐玄宗召入宮中，做了專門在宮廷中為皇帝作畫的畫師。

吳道子利用宮中的優越條件，充分施展自己的藝術才華，還結交了京城裏許多著名的藝術家。他們常常在一起交流經驗，切磋技藝，共同進步。

有一次，吳道子跟隨唐玄宗去洛陽，恰好遇到將軍裴旻家裏辦喪事。裴旻早就仰慕吳道子的畫藝，一聽說吳道子來洛陽了，就親自拿着重禮請吳道子去天宮寺畫鬼神，為死者超度。吳道子謝絕了禮物，爽

快地說：「我好久不作畫了，聽說將軍很擅長舞劍，能否表演一下，讓我一睹您的英姿？這樣既可助興作畫，又可作為酬勞，豈不兩全其美？」裴旻高興地答應了。

　　一到天宮寺，裴旻脫去孝服，拿起寶劍舞了起來。只見他左旋右轉，步履如飛，衣帶和劍影融成一

團，讓人眼花繚亂，分不清人和劍。忽然，裴旻把劍拋向天空，劍隨即如流星一樣，從天空急墜而下，而他依然在舞。在場的人都屏住了呼吸，只聽「嗖」的一聲，劍不偏不倚，正好插入他手中的劍鞘，人們立刻齊聲喝彩。

這時，吳道子提筆朝廟牆走去，只見他揮毫潑墨，動作帶起了一陣風。不一會兒，一幅氣勢恢宏的壁畫出現在廟牆上。人們大呼：「這簡直是神來之筆呀！」其實，正是裴旻變化無窮的舞姿給了吳道子靈感，讓他思如泉湧，繪出了奇作。

還有一次，唐玄宗很想看嘉陵江山水，就派吳道子去寫生。吳道子暢遊了一圈，卻空手而回。唐玄宗很困惑，就問他的畫在哪裏，他自信地說：「畫在肚裏。」說完，他便開始在大同殿的牆壁上作畫，僅用一天時間，就繪出了嘉陵江三百多里的風景。後來唐玄宗去四川，路過嘉陵江，拿出吳道子的畫對照，發現段段吻合，唐玄宗讚歎不已。

　　吳道子在繪畫藝術上之所以能取得如此高的成就，還要歸功於他善於觀察生活，以及大膽創新的精神。他的作品是歷代畫師們學習的楷模，民間畫工還把他當作祖師爺來供奉呢。

知識充電站

　　吳道子是一位繪畫才能十分全面的畫家，人物、台閣、鬼神、山水、鳥獸、草木，無不精絕。他把中原畫風與西域畫風融為一體，他所繪人物的衣袖、飄帶有迎風起舞的姿態，這種畫法被評價為「吳帶當風」。吳道子的成名作多為其最擅長的宗教繪畫，僅在長安、洛陽兩地的寺觀，他便繪有三百餘幅壁畫。

「入錯行」的
皇帝書畫家

俗話說：男怕入錯行，女怕嫁錯郎。宋徽宗趙佶，就是一位入錯行的皇帝。

公元1100年，宋哲宗死後沒有繼承人，羣臣萬般無奈，只好把對政治毫無興趣的趙佶推上了皇帝的寶座。登基後，趙佶寵信奸臣，不顧國事，盡情享樂，以至於大半江山淪陷，落到金人手中，最後，連他自己也當了俘虜。

趙佶當皇帝雖然昏庸，但論起對宋代繪畫藝術的貢獻他卻功不可沒。他曾利用手中權力，到處網羅繪畫人才，大量收集歷代的名畫，充實北宋「祕閣」的藏品。他還成立了翰林書畫院，把繪畫作為升官的一種考試方法，提高了畫家的地位，推動我國繪畫藝術進入了一個新的發展階段。

　　不僅如此，趙佶自己也是一名傑出的畫家，對山水畫、人物畫、花鳥畫都很有研究。他對繪畫作品的要求，更是出了名的嚴格。

　　相傳有一次，宣和殿裏的荔枝快要成熟了，散發着陣陣清香，引來了幾隻孔雀。由於果實長在高高的枝頭，其中一隻孔雀試圖用嘴去啄，但是夠不着，牠只好踩到藤蔓上，抬起一條腿，拉長脖子去啄。

　　這情景恰巧被路過的趙佶看到了，他立即召來宮中的畫師們，要求他們將這一生動的情景描繪出來。畫師們立刻大顯身手，不一會兒就爭先恐後地交了作品。

　　趙佶一一觀賞他們的畫，開始時還頻頻點頭，後來就一直皺眉頭，嘴裏唸叨着：「不對！不對！」畫師們面面相覷，不知道原因。

　　其中有一個畫師拱手問：「請問陛下，哪裏不對了？」

　　趙佶指着其中一幅畫說：「你們看，那隻孔雀明明是一條腿立在地上，另一條腿踩在藤蔓上，可畫師

41

卻把牠的兩條腿畫成走路的樣子了。」

接着，趙佶又指着另外一幅畫說：「這幅畫，雖然畫了抬腿的姿勢，但孔雀登上藤蔓時，先抬的是左腿，而不是右腿！」

畫師們聽後，恍然大悟，紛紛點頭稱是。其中有一個不服氣的畫師，事後還悄悄地觀察了那隻孔雀啄荔枝時的姿勢，確實如趙佶所言，孔雀真的先抬起了左腿。這位畫師立刻羞愧萬分，同時對趙佶細緻入微的觀察能力佩服得五體投地。

　　可惜，趙佶沒把這份嚴謹和細心用在處理政事上，而是一味地沉迷於書畫和享樂之中，在政治上毫無建樹。每當後人觀賞他的作品時，都很惋惜這位多才多藝的畫家「錯坐」了皇帝的寶座。

知識充電站

　　據記載，宋徽宗趙佶十分喜歡親自出題考查宮中的畫師。他曾以「踏花歸去馬蹄香」為題命畫師們作畫。有人畫的是騎馬人手裏拈着一枝花，有人在馬蹄上添了幾片花瓣，唯有一名青年畫的是幾隻蝴蝶飛舞在馬蹄周圍，形象地畫出了抽象的香味，得到了宋徽宗的讚賞。

　　還有一題是「深山藏古寺」。有人畫的是崇山峻嶺和整座寺院，有人畫的是從密林中露出的古寺一角，宋徽宗都不滿意。只有一人，畫的是山中的一條石徑盡頭有一個僧人在溪邊打水。有僧便有寺，但畫上不見寺，可見寺正是「藏」在深山中。可見，「畫有盡而意無窮」才是繪畫的最高境界。

「傻瓜畫家」史忠

　　有一種奇人，既是典型的傻瓜，又是天才的畫家。這種人外國有，中國也曾出現過，明代的史忠就是其中的一位。

　　史忠是明代金陵（今南京）人。他十七歲時才學會說話，做事也傻乎乎的。他常穿一件白布袍子，戴一頂插滿花的方斗笠，騎着牛在大街上行走，有時他還在牛背上一邊鼓掌，一邊高聲吟詩，根本不管路人的指指點點。正因為如此，人們都叫他「史痴」，用現在的話來說，就是「姓史的傻瓜」。

　　奇怪的是，史忠卻是個畫畫的天才。無論人物還是花鳥魚蟲，他都能畫。他還特別擅長畫高山雲水，他畫的雲好像在風中疾走，畫的水好像熱浪翻滾，一般的畫家是畫不出來的。連蘇州的大畫家沈周也很欣賞他的山水畫，和他成了好朋友。

44

有一次，史忠從南京坐船去蘇州，專門拜訪沈周。恰巧沈周不在家，僕人便把他安排在招待客人的大堂內休息。當時，堂內正好放着畫畫的白絹，史忠一時興起，就隨手畫了一幅山水畫，畫完後也不題名，徑自離開了。

沈周回家後，一看到那幅畫，就驚歎道：「我見過的人多了，蘇州還沒有能畫出這幅畫的人。一定是南京的史痴，絕不可能是其他人！」於是，他趕緊派人去找，終於找到了史忠並邀請他在自己家住了三個月，才讓他回南京。

史忠因別人稱他為「史痴」，索性自己也以「痴」命名，「痴翁」、「痴仙」、「痴痴道人」都是他的號。史忠一旦「痴」起來，還真痴到了家。據說他的女兒到了出嫁的年齡，但因女婿家裏太窮，沒錢籌備彩禮，婚事就耽擱下來。這史忠又犯起「痴」來，先是苦苦說服妻子，接着騙女兒說，打扮漂亮一點兒，晚上出去觀燈。女兒信以為真，高興地收拾了一

番，結果，卻稀裏糊塗地被父母領到了婆婆家裏。最後，史忠還打趣說，這叫「白送」。

更有趣的是，史忠到了八十歲時，還鬧了一場「痴絕」的鬧劇——為自己出「生殯」。大家都知道，出殯一般是為死者舉行的，每個人都看不到自己的出殯儀式。史忠覺得應該彌補一下這種遺憾，就為自己舉行了一次「生殯」。

　　他讓親朋好友按照真正出殯的儀式，披麻戴孝，浩浩蕩蕩地從南京城內一直送到城外的墳地。可笑的是，他自己也混在親友的隊伍裏，一副樂在其中的樣子。這一次當然是假死，後來不知道他又活了幾年，才真正出了殯。

　　史忠雖然形貌滑稽，有時甚至瘋癲無狀，但他的山水畫雲飛水湧，美不勝收，他堪稱畫家中的一位奇才。

「胸有成竹」的鄭板橋

鄭板橋，名燮，字克柔，是清初著名的蘭竹畫家。他的性格剛正不阿，不向權貴低頭，所以人們常用「胸有成竹」來形容他高超的畫藝，也用來隱喻他高尚的情操。

鄭板橋生在一個沒落的貴族家庭，他三歲時母親就病逝了，由乳母撫養長大。和當時的一些知識分子一樣，他的大半生都在考科舉，四十三歲時才考中，到山東范縣（今屬河南）做了知縣。他拒收賄賂，愛民如子，閒暇時常與文人把酒吟詩。當地的百姓十分愛戴他。

小時候困苦的生活經歷，讓鄭板橋很同情窮苦百姓，痛恨那些仗勢欺人的富人。

後來，鄭板橋調任濰縣（今山東濰坊）知縣。有一個鹽商捉到一個販私鹽的人，請知縣懲辦。鄭板橋

看那人非常窮苦，料想他是因為生活所迫才犯法的，就很同情他。他對鹽商說：「你讓我懲辦他，我給他戴枷示眾如何？」鹽商同意了。

於是，他叫衙役找來一張長一丈、寬八尺的蘆蓆，在中間挖了個洞，當作枷。又叫人拿來十幾張紙，鄭板橋凝思提筆，畫了許多栩栩如生的竹子。畫完後，他把畫貼在那副「蘆枷」上，再讓販私鹽的人戴上「蘆枷」，坐在鹽店門口示眾。

這事傳出去，很多人跑來看熱鬧，把鹽店圍得水泄不通，鹽商根本沒法兒做生意。這人在鹽店門口待了十來天，鹽店幾乎沒法兒開門，鹽商實在受不了，只好懇求鄭板橋不要再懲罰那人了。鄭板橋笑了笑，就把販私鹽的人釋放了。

還有一次，鄭板橋穿着便裝去趕集，看見一位賣扇子的老太太正愁眉苦臉地守着一堆無人問津的扇子。鄭板橋走上前，拿起一把扇子，只見扇面素白如雪，無字無畫，眼下又錯過了用扇子的季節，自然也

就沒有人來買了。鄭板橋在詢問的過程中，得知老太太家境貧寒，便決心幫助她。

鄭板橋向一家商鋪借來了筆、墨、硯台，揮毫潑墨。只見冉冉的青竹、吐香的蘭花、經霜的秋菊、傲雪的寒梅頓時出現在扇面上，還有詩詞與畫相映成趣。周圍的看客們爭相購買，不一會兒工夫，一堆扇子便賣光了。

可見，機智的鄭板橋不僅胸有成竹，能出筆成畫，而且總是對百姓充滿愛心。所以，當時有人說，看鄭板橋的畫，會感覺心曠神怡，精神抖擻，如同喝了一劑「良藥」。

50

丁敬刻印痛罵權貴

　　丁敬是清代著名的刻印大家。他刻的印變化多端，章法神奇，曾經給沉悶的印壇帶來一股清新之風。

　　丁敬生性正直，對求印的人，不看他地位有多高、報酬有多厚，只看他是否尊重藝術。有些人偏偏不了解丁敬，以為憑權勢或者金錢便能得到一切。丁敬很痛恨這些人，常常將他們毫不留情地拒之門外。

　　他與「揚州八怪」之一的金農是好朋友，金農的徒弟羅聘就目睹了這位長輩的骨氣。

　　當時，丁敬在錢塘江邊建造了一座小園林，取名「落花老屋」。每天，丁敬在園裏與友人飲酒作詩，探討印刻。

　　有一天，羅聘和丁敬正在「落花老屋」的大堂閒談，門外傳來通報聲，說有人前來求印。丁敬還沒

有做出答覆，那個求印的人就闖了進來，並且一副盛氣凌人的樣子。丁敬見狀，很不高興地問：「有甚麼事？」

那人趾高氣揚地說：「這是幾塊上好的石料，劉中丞說了，要馬上刻好，容不得半點馬虎！」說着，就把石料往桌上一扔。

丁敬沉着臉，拿過石料，冷冷地說：「你等着，今天肯定讓你拿走！」說完，示意羅聘隨他離開大堂，一起進裏屋。

背後又傳來那個人傲慢的聲音：「記住了，這可是劉中丞的印章，要仔細刻，否則有你們好受的！」

對此，丁敬根本不予理睬，只管帶着羅聘進屋。當裏屋的房門關上後，丁敬把石料往桌上一扔，叫下人備好酒菜，繼續與羅聘喝酒。同時他吩咐下人，如果有好友來了，直接從後門領到裏屋。不一會兒，果然又來了幾個拜訪的客人，大家在一起邊喝邊談，把屋外求印的人忘得一乾二淨。

那個求印人等了半天，始終不見丁敬出來，只聽見屋內酒杯交碰，人聲喧嚷。他強壓怒火，又等了一會兒。後來，他實在忍不住了，心想：竟敢這樣怠慢劉中丞，等着瞧！說着就直接去拉房門，卻發現

房門被反鎖了，怎麼拉都拉不動，他頓時氣得七竅生煙。

臨近傍晚，丁敬才慢騰騰地從屋裏踱了出來，把一個紙包交給求印的人，說：「刻好了，你拿走吧。」那傢伙沒好氣兒地看了看丁敬，隨後打開紙包，就在看到印的那一瞬間，他的臉色變得慘白，然後他甚麼都沒說，灰溜溜地走了。

原來，紙包裏的兩方印，一方刻着「鬼魅登門」，另一方刻着「狗仗人勢」，並有一張紙條寫着：篆刻原為雅事，權勢焉得強求。

經過此事，羅聘更加敬佩這位長者。後來，他精心繪製了《丁敬像》，以表達自己的敬仰之情。

知識充電站

　　篆刻是一門與書法緊密結合的傳統藝術，迄今已有三千餘年的歷史，又被稱為「刻印」「刻圖章」等。閒章，是專供賞玩的篆刻藝術品；名章，是有實用性的篆刻藝術品。按照印文的凹凸，印章分為朱文印（陽刻、陽文）和白文印（陰刻、陰文）。按照用途和使用場合，印章分為官印、私印。篆刻藝術品的鑒賞，一般從材質、內容、藝術水平等方面着眼。印藝之美，主要體現在印文、印款、印譜和印飾等方面。

伯牙摔琴為知音

春秋時期，王室獨佔音樂的局面被打破，音樂在民間得到了很大的發展，出現了很多優秀的樂師。楚國的伯牙，就是其中的一位。他具有超凡的音樂修養，而且他為「知音」摔琴的故事，還成了一段流傳千古的佳話。

伯牙天資聰穎，很小就拜著名的琴師成連為師，學習音樂。經過三年刻苦的學習，伯牙已小有名氣，但他沒有滿足於已取得的成績，相反，為了達到更高的境界，他跟隨師父去了千里之外的蓬萊島，從大自然中感悟音樂的精髓。

當時，身處孤島的伯牙，與大海為伴，與飛鳥為友，穿行在樹林之間，因而體會到了音樂的真諦，成為一代傑出的琴師。但因他的曲子境界很高，很少有人能聽懂，為此，伯牙感到很孤獨。

有一天，伯牙乘船漫遊，船行到一座高山旁邊時，天空忽然下起了大雨，船家只好把船靠了岸。伯牙坐在船上，聽着淅淅瀝瀝的雨聲，注視着江面上的朵朵水花，頓時來了興致。他拿出琴，興致勃勃地彈了起來。正彈得起勁，他忽然感覺琴弦上有異樣的顫動。伯牙心裏一驚，暗想：莫非附近有人在聽琴？於是，他舉目四望，果然看見岸上的樹林邊，坐着一個披蓑戴笠的砍柴人，那人正出神地望向自己乘坐的船。

伯牙連忙上前，把砍柴人請上船，一番寒暄過後，伯牙得知這個人名叫鍾子期。伯牙說：「我現在為你彈奏一曲好嗎？」

「洗耳恭聽！」鍾子期高興地說。

於是，伯牙隨興彈了一曲《高山》。曲罷，子期還沉醉其中，連連讚歎道：「多麼巍峨的高山哪！」

伯牙又彈了一曲《流水》，子期稱讚道：「多麼浩蕩的江水呀！」

　　伯牙激動不已，緊緊握住子期的手說：「這個世界上只有你才懂我的琴聲，你真是我的知音哪！」於是，兩人結為生死之交，並約定等伯牙周遊完畢，再到子期家中相聚。

　　數月以後，伯牙如約探訪子期。然而，子期卻已不幸病逝了。悲痛欲絕的伯牙奔到子期的墳前，深情地彈奏了一首悲傷的懷念曲。伯牙淚流滿面，他緩緩

地站了起來，將自己心愛的琴在子期墳前的青石上摔
了個粉碎。

　　從此，伯牙再也沒有彈過琴。但是，他摔琴的舉
動，卻譜寫了一曲感人肺腑的友誼之歌，「知音」一
詞也從此成了「朋友」的代名詞。

桓伊橫笛做三弄

在古代音樂的發展過程中，逐漸產生了許多名曲。這些曲子的原始樂譜雖然大都失傳，但它們背後的逸事掌故卻被記載了下來。如《晉書》和《世說新語》中，都記述了大將軍桓伊為狂士王徽之演奏《梅花三弄》的故事。

桓伊是東晉人，字子野，又字野王，雖身為高官，但為人謙遜，平易近人。他酷愛音樂，表演盡顯音樂之妙，被稱為「江左第一」（江左：長江以東，即江東）。他最擅長的是吹笛子，據說，他使用的竹笛，是東漢著名的書法家、音樂家蔡邕製作的「柯亭笛」。桓伊對這支竹笛視若珍寶，一刻不離地帶在身上，即使睡覺時，也放在枕頭邊，為的是能即興吹奏。桓伊因此也有了「笛聖」的美稱。

有一次，桓伊帶着他心愛的笛子去建康城外的青

溪碼頭遊玩。剛到岸邊，就聽到有人拍手說道：「這不是桓野王嗎？」

桓伊回頭一看，原來是一個熟悉的朋友。朋友告訴他，岸邊的船上坐着大書法家王羲之的兒子王徽之，他正要應詔趕赴京城。桓伊雖然沒見過王徽之，但對他仗着才氣看不起人的事，早就有所耳聞。他們正聊着，王徽之已命隨從過來。隨從說：「我家主人聽說您很擅長吹奏笛子，請您上船為他奏上一曲。」

桓伊此時的官職遠遠高於王徽之，但他沒有擺將軍的架子，對王徽之的唐突無禮一點兒也沒有計較。隨後，他便跟着隨從上了王徽之的船。他心下思忖，聽說王徽之也很喜歡音樂，那麼吹奏甚麼曲子好呢？王徽之的才學出類拔萃，其人品性孤傲，如同冬雪中不畏寒霜、凌寒開放的梅花，那就以此為意境發揮吧！

進了船艙，桓伊也不打招呼，直接盤腿坐在胡牀上，旁若無人地吹奏起來，曲調清越婉轉，高妙絕

倫，如此反覆吹奏了三遍。

　　王徽之閉目聆聽，他似乎領悟了桓伊笛曲中的意境，被梅花在風雪中傲然挺立、不屈不撓的精神感染了。聽着聽着，他竟然忘了周圍的一切。當桓伊吹完時，他還沉浸在其中，等他回過神來，發現桓伊早已

下船走了。狂傲的王徽之被桓伊的豁達大度及高超的音樂才能折服了。

　　真正的音樂交流，是心與心之間的碰撞。桓伊、王徽之二人不期而遇，他們之間沒有任何繁瑣的禮節，甚至沒有交談過一句話。但桓伊的盡情吹奏、王徽之的誠心傾聽，促成了千古絕調《梅花三弄》的誕生。

　　更難能可貴的是，《梅花三弄》的曲譜被記錄並流傳了下來，成了歷代都十分流行的優秀笛曲、箏曲之一。想像一下，在槳聲燈影裏，傳來陣陣古樸悠揚的琴聲、笛聲，那該是多麼動人的一幕景致、一種雅趣呀！

知識充電站

　　「一往情深」這個成語，指的是對人或事物有深厚的感情，十分嚮往留戀。這個詞出自《世說新語·任誕第二十三》，東晉名將謝安誇讚桓伊對音樂的執着痴迷——「桓子野每聞清歌，輒喚：『奈何！』謝公聞之，曰：『子野可謂一往有深情。』」

宮廷舞者楊貴妃

楊玉環，堪稱唐代宮廷音樂家、歌舞家，她的藝術才華在歷代后妃中堪稱第一。

楊玉環出身於四川成都的官宦人家，曾祖父是隋代的元帥，父親、叔父也是唐代的高官。優越的家庭環境，讓天生聰慧、漂亮的楊玉環在音樂、舞蹈方面樣樣精通。

開元二十二年（734），唐玄宗的女兒咸宜公主在洛陽舉行婚禮，楊玉環也被邀請去了。咸宜公主的弟弟、壽王李瑁對楊玉環一見鍾情。後來，玄宗下詔冊立楊玉環為壽王妃。

玄宗有個愛妃叫武惠妃，她病逝後，玄宗整天悶悶不樂。心腹高力士見狀，就把長得很像武惠妃的楊玉環引薦給了玄宗。但是，直接娶兒媳有違倫理，玄宗就讓楊玉環先出家當道士，然後再把她接進宮。

入宮後，楊玉環憑藉善解人意的性格以及過人的藝術才華，贏得了玄宗的百般寵愛，被冊立為貴妃，位同皇后。

楊貴妃不僅貌若天仙，而且還是個歌舞天才。她的琵琶技藝卓然出眾，常抱着檀木琵琶在梨園彈奏，音聲清越，彷彿飄在雲端。宮裏的公主、宮女爭着拜她為師。她對樂曲的領悟能力也很獨到，據說玄宗譜好《霓裳羽衣曲》後，她稍微看了看，就能依照韻律，邊唱邊跳，歌聲如同鳳鳴鶯啼那樣清脆，舞姿好像天女散花那樣美妙。

楊貴妃微有醉意的時候，舞姿更是優美迷人。相傳有一次，玄宗忽然去了梅妃那裏就寢，楊貴妃卻毫不知情，她還在百花亭高興地擺上酒宴，準備與玄宗痛飲。可是，等了好長時間，也不見玄宗來，她心中不由得生出一陣陣酸楚。最後只好自斟自飲，借酒澆愁。想到君心難測、人生苦短，她覺得心中更加淒涼。

想着想着，她放下酒杯，藉着酒興，輕輕地舒展長羅袖，跳起霓裳舞來。她的身姿飄逸，好像柳條拂水般婀娜輕盈，又像晨霧裏的芙蓉，朦朧柔美，若隱若現。此時的她，由於喝了酒，舞姿中略現醉態，

醉態中舞姿更顯柔媚，看得旁邊的宮女們都失了神。一旁的高力士非常同情這位醉舞的貴妃娘娘，於是，他向玄宗稟報了這件事。玄宗聽後，被貴妃的情意所感動。

從此以後，玄宗與貴妃形影不離，每日歌舞相伴。尤其到了百花盛開的時節，玄宗便與貴妃大設宴席，席上楊貴妃邊飲邊舞，醉意朦朧，飄飄若仙，不僅引得玄宗皇帝興奮不已，親自吹簫為她伴奏，羣臣也讚不絕口。大詩人白居易曾經作詩，形容貴妃的舞姿：

飄然轉旋回雪輕，嫣然縱送游龍驚。

小垂手後柳無力，斜曳裾時雲欲生。

可惜這位能歌善舞的貴妃，雖與多才多藝的玄宗成了藝術知音，但玄宗過分沉迷其中，逐漸不理朝政，致使「安史之亂」爆發。楊貴妃也在兵變中被賜死了。

知 識 充 電 站

　　京劇《貴妃醉酒》（又名《百花亭》），是一齣單折戲，取材於楊貴妃的故事，經中國著名京劇表演藝術家梅蘭芳先生創作、表演而廣為人知，是梅派代表劇目之一。《貴妃醉酒》通過動作和唱詞、曲調，表達了楊貴妃由期盼到失望，繼而產生幽怨的複雜心情。

「銅豌豆」關漢卿

　　關漢卿，元初大都（今北京）人，是元雜劇的開山鼻祖，堪稱中國文學藝術史上傑出的戲劇大師之一，被譽為「曲聖」。

　　關漢卿機智幽默，博學多才。他最初在太醫院裏當差，可每當看見蒙古貴族欺壓漢人時，就很厭惡他們，不願給他們治病。尤其當看到有些庸官胡亂判案，百姓們卻只能忍氣吞聲，不敢伸冤，最終導致冤案層出不窮時，他對醫術就更沒有興趣了。手無寸「權」的關漢卿，偏偏一身正氣，於是只好辭官回家。

　　在家中，關漢卿常靠吟詩、吹簫、下棋、聽戲來排遣心中的憂憤。他還迷上了當時很流行的「雜劇」，尤其被它生動的台詞深深地吸引。每次聽戲回來，他幾乎都能將台詞完整地背下來。後來，他利用

辭官後充裕的時間，開始自己寫劇本，有時甚至親自登台演出。

關漢卿寫的劇本，總是把統治者的醜惡嘴臉刻畫得淋漓盡致，所以深受廣大羣眾的喜愛。但這也惹怒了地方官，官府到處貼告示，懸賞重金捉拿他。可關漢卿一點兒也不害怕，用他自己的話說，他是「蒸不爛、煮不熟、捶不扁、炒不爆，響噹噹的一粒銅豌豆」。而且，廣大戲迷也捨不得把這粒「銅豌豆」交給官府。

有天晚上，關漢卿突然被一名巡夜的捕頭攔住了去路，捕頭問：「你是幹甚麼的？」

三句話不離本行的關漢卿答道：「三五步走遍天下，六七人統領全軍。」

捕頭見他口氣不小，很不高興，拉近火把一照，看他面熟，又問：「你是唱戲的？」

關漢卿不卑不亢地回答：「或為君子小人，或為才子佳人，登台便見。有時歡天喜地，有時驚天動

地，轉眼都成空。」

捕頭聽後，終於明白了，問道：「莫非你就是關漢卿？」

關漢卿哈哈大笑，說：「看我非我，我看我，我亦非我；裝誰像誰，誰裝誰，誰就像誰。」

這捕頭原是一個戲迷，想放他一馬，可一想到誘

人的懸賞金，又猶豫了。關漢卿看出了他的心思，隨口吟道：

「抬頭千萬別逞強，縱使你高官厚祿，得意不過一瞬間；眼下何足打算盤，到頭來拋盔棄甲，下場還是普通人。」

捕頭聽了關漢卿的吟誦，若有所悟，長出了一口氣，放走了他。可見，關漢卿是多麼受戲迷的愛戴呀！

而且，「銅豌豆」這個名字也是名不虛傳。他用自己的鎮定和從容，讓自己免受了牢獄之苦。

關漢卿筆下的角色也具有「銅豌豆」一樣不屈不撓的品質。童養媳竇娥、婢女燕燕、少女王瑞蘭、寡婦譚記兒……她們雖出身卑微，但是正直、善良，有強烈的反抗意識。藉由她們之口，關漢卿用辛辣的語言控訴社會的黑暗，勇敢地與黑暗勢力搏鬥。

　　元雜劇，又稱北雜劇、北曲。關漢卿、白樸、鄭光祖、馬致遠四位元雜劇作家並稱為「元曲四大家」。他們的代表作分別是：關漢卿 ——《竇娥冤》《望江亭》等，白樸 ——《梧桐雨》《牆頭馬上》等，馬致遠 ——《漢宮秋》等，鄭光祖 ——《王粲登樓》等。

竹林七賢畫像磚

「竹林七賢」指的是魏晉年間的嵇康、阮籍、山濤、王戎、向秀、劉伶和阮咸。他們因不滿暴政，便整日在山林間飲酒唱歌，不與統治者合作。

後世的畫家都很仰慕七賢的灑脫，作畫追念，但畫作大多數失傳了。幸運的是，1961年，在南京出土了描繪竹林七賢風采的畫像磚。

畫像上的第一位是彈琴的嵇康。據說，有一日，他和向秀在樹蔭下打鐵，司馬昭的幕僚鍾會來拜訪，嵇康看見了他，卻沒有理睬，仍然只是低頭幹活兒。鍾會待了好久，氣得正要走時，嵇康漫不經心地問：「何所聞而來？何所見而去？」

鍾會立即答道：「聞所聞而來，見所見而去！」說完就憤然離去。

從此，他深恨嵇康，常在司馬昭面前說他的壞

話。後來，嵇康因朋友的事被牽連入獄，鍾會乘機勸司馬昭除掉他。當時太學生三千人請求赦免嵇康，可司馬昭不答應。臨刑前，嵇康神態自若，奏了一曲《廣陵散》，從容赴死。

第二位是正在傾聽的阮籍。他性格很怪，經常做一些常人沒法兒理解的事。比如他母親去世時，他無動於衷地下棋，像平時一樣吃肉喝酒。可當他聽說鄰村一個才貌雙全的姑娘染病而死時，竟奔向女子的家裏，放聲大哭，非常傷心。大家都很詫異，因為阮籍根本不認識這位姑娘。

第三位是山濤，他高挽衣袖，對着柳樹豪飲。

第四位是把玩如意的王戎。他是七賢中官最大、最不「賢」的一個，因為他小氣得出了名。他家有棵李子樹，每年結的李子都會被賣掉，他害怕別人得到李子核私下種植，就把李子連核鑽個洞，然後再拿去賣。

第五位是向秀，他閉目凝思，好像在領悟甚麼。

　　第六位是手執耳杯、正在喝酒的劉伶。據說，他身材很矮，長得又醜，但他性情豪放，愛酒如命。他經常乘着鹿車，懷裏抱着一壺酒，命僕人提着鋤頭，跟在車後跑，並說：「如果我醉死了，便就地把我埋了！」更荒唐的是，他喜歡在家脫光衣服飲酒，有一回恰好被客人撞見，客人譏笑他太放浪形骸，沒想到他竟說：「天地是我的父母，房子是我的衣服，你為甚麼跑到我的衣服裏來？」客人無言以對。

　　第七位是懷抱琵琶的阮咸。阮咸散漫的性格是家庭環境影響的結果。相傳，

他家人常聚在一起開懷暢飲，酒杯即是大盆。有一次，他們正圍坐在一起喝酒，一羣豬忽然跑進來。他家的人也不去趕，反而與豬一起喝起了酒。

　　畫像磚上的竹林七賢都席地而坐、衣帶飄然、神態各異，展現了他們不拘禮法、自由清高的個性。畫面具有濃郁的裝飾風格，線條纖細有力，具有很高的藝術價值，是我國古代磚刻藝術的珍品。

　　竹林七賢生活的時代，是曹魏政權開始受到司馬家族威脅並面臨改朝換代的時期，政治鬥爭激烈，很多名士為避禍而不問時政，七賢就是最有名的代表人物。他們的生活軼事和思想精神為東晉人士所記錄整理，對魏晉南北朝及後世的社會和文化觀念均產生了深遠的影響。

敦煌莫高窟

在敦煌有兩座名山 —— 三危山和鳴沙山，兩山銜接處是一片廣闊的戈壁灘。在戈壁灘上，大泉河水沖出一道深而寬的河牀。河牀的西岸是陡峭的崖壁，崖壁上排列着蜂窩狀的洞窟，這就是舉世聞名的莫高窟。

莫高窟俗名「千佛洞」，共735個洞窟，窟內存有彩塑2415尊、飛天塑像4000多尊，文物50000多件。它是一座融建築、繪畫、雕塑為一體，以壁畫為主的石窟寺，也是世界上現存最大、內容最豐富的佛教藝術聖地。

那麼，是誰在三危山下開鑿了第一個洞窟呢？

相傳，在前秦建元二年（366），敦煌有個名叫樂尊的和尚，對佛一心供養，非常虔誠，經常身披袈裟，手持禪杖，雲遊四方。

有一天，樂尊來到三危山下。經過一天雲遊，他又餓又渴，十分疲憊，於是坐在綿軟的沙丘上歇息。

那時，夕陽西下，金色的餘暉映照在三危山上。樂尊猛然抬頭，只見對面三危山的三座山峯金光萬丈。並且，在金光中緩緩地出現了代表過去、現在、未來的三世佛的身形，旁邊又彷彿有無數位菩薩在誦經，還有很多飛天仙女，有的飛舞散花，有的彈奏樂器。誠心修行的樂尊，被這佛國的奇景驚呆了。

漸漸地，佛光映到了他的身上，他渾身被照得通紅，手中的禪杖變得如水晶般透明，疲憊和飢渴也一剎那消失了。他莊重地跪了下來，默默發誓，今後一定四處化緣，在這裏修石窟、塑佛像，使此處成為佛教聖地。剛發完誓，金光慢慢黯淡了，暮色籠罩了三危山。

很快，樂尊一邊四處化緣，向人們講述自己的奇遇，一邊請來工匠，在大泉河西岸的峭壁上，開鑿第

一個石窟。他還叫人在窟內塑佛像，在窟壁上繪上精美的紋飾。

　　從此，歷代的佛門弟子、達官貴人、商賈百姓都在這裏捐資開窟，大建寺院。洞窟的規模也漸漸擴大，所藏的文物也日益豐富。僧侶、香客來來往往，絡繹不絕。隨着絲綢之路的開通和佛教文化的傳播，莫高窟變得一天比一天壯觀了。

　　其實，從科學的角度來看，樂尊當時所見到的金

光千佛，只是一種自然奇景。這種自然奇景，今天在三危山上還可看到。因為三危山是被剝蝕的殘山，山上無草木，岩石為暗紅色，其中含有石英、雲母等礦物質，反射陽光，燦爛如金。當然，生活在千餘年前的樂尊，無法解釋這種自然奇景，作為一個虔誠的佛教徒，就把它完全歸於「佛」了。

莫高窟不僅是中國的四大石窟之一，還被列為「世界文化遺產」。現在，它正以獨特的藝術魅力，吸引着世界各地的人們前去參觀。

知識充電站

中國的四大石窟，分別是莫高窟（甘肅敦煌）、龍門石窟（河南洛陽）、雲崗石窟（山西大同）和麥積山石窟（甘肅天水）。其中莫高窟被稱為「東方羅浮宮」。

昭陵六駿

昭陵六駿，是唐太宗李世民出征打仗時騎過的六匹駿馬。

六駿在戰場上陪主人出生入死，立下了赫赫戰功，為了表彰牠們，太宗命畫家閻立本繪圖，叫工匠把牠們雕成比真馬略小的浮雕，再由書法家歐陽詢題上贊詞。太宗死後，這六塊浮雕作為陪侍，列在昭陵北門的東西兩邊。

東面第一匹叫「特勒驃」，牠的毛色黃裏透白，白裏挑黑，是突厥的貢馬。相傳，李世民曾乘着牠與隋末農民起義軍首領宋金剛作戰。當時宋金剛攻下了澮州，兵強馬壯。李世民騎着特勒驃，勇猛地衝入敵陣，大戰數十回合，連打了八場勝仗，建立了功績。

第二匹叫「青騅」，蒼白雜色，是李世民平定竇建德時的坐騎。竇建德原是隋軍將領，還是李世民的

舅舅，後來在河北、河南一帶率農民軍起義。當時，唐軍駐守在虎牢關，李世民趁敵軍兵困馬乏時，下令全面出擊。他親自帶着騎兵，殺入敵陣，活捉了竇建德。在這一場戰役中，青騅中了五箭，有四箭射在身體後部，可見牠奔馳的速度飛快。

第三匹名叫「什伐赤」，牠是一匹來自波斯的紅馬，也是李世民平定叛軍時的坐騎。在這幾次重大戰役中，李世民共傷亡了三匹戰馬，他的統一大業也基本上完成了。

西面第一匹叫「颯露紫」，前胸中了一箭，是李世民平定王世充時的坐騎。石雕上一手牽着馬、一手拔箭的人叫丘行恭，他是李世民的隨從，英勇善戰，精通騎射。

當時，李世民乘着颯露紫，親自打探敵方的虛實。隨同的數十騎，衝入陣地後都失散了，只有丘行恭始終跟從。年少氣盛的李世民越殺越猛，與後方失去了聯繫，被敵人團團包圍，颯露紫前胸也被箭射

中。就在這危急關頭，丘行恭趕來營救。他回身張弓四射，箭無虛發，使敵人不敢前進。然後，他立刻跳下馬，給颯露紫拔箭，並且把自己的馬讓給李世民，保護李世民殺出了重圍。

為了紀念這一事件，唐太宗特意叫人把丘行恭和這匹戰馬刻在一起。浮雕上的丘行恭英姿颯爽，身穿戰袍，腰佩箭囊，俯首拔箭，生動地再現了當時的情景。

　　西面還有兩匹馬，黑嘴的黃馬叫「拳毛騧」，白蹄的黑馬叫「白蹄烏」，牠們也都曾立下戰功。

　　昭陵六駿姿態神情各不相同，浮雕以簡潔的線條、準確的造型，生動地展現了戰馬身冒箭矢馳騁疆場的雄姿，是我國古代雕刻藝術的珍品。遺憾的是，現在昭陵六駿只有四駿保存在國內，其中颯露紫和拳毛騧兩駿，在二十世紀初被盜賣到美國，現陳列在美國費城的賓夕凡尼亞大學博物館。我們期待着它們能夠早日回歸。

　　為了展現中華民族石雕的藝術風采，中華人民共和國國家郵政局於2001年10月28日發行了《昭陵六駿》特種郵票。郵票全套六枚，是我國首次發行的真正意義上的壓印郵票，圖案及文字具有浮雕般的質感。

「塑聖」楊惠之

雕塑包括雕、刻、塑三種製作方法。塑是用石膏、樹脂、黏土等材料創造藝術形象，反映現實生活的一種藝術。

楊惠之是唐代著名雕塑家，江蘇人，出生在貧苦家庭。據說，他小時候隨手抓起幾把泥土，就能捏成天兵天將的模樣，然後，他把這些泥人兒放在土地廟裏當菩薩，竟然哄得一些人來上香。當地的鄉紳知道了此事，說楊惠之不敬神靈，要懲罰他。好心人便勸楊惠之的父母說，不如把他送到城裏的玄妙觀，學個謀生的手藝。於是父母便把他送去學畫了。

楊惠之心靈手巧，他把神仙、佛像畫得活靈活現。不過，比起師兄吳道子的繪畫水平，他總是差了一些。

楊惠之便決心另尋出路。他獨自一個人來到崑山，借住在一個孤寡老人的家裏，白天幫老人挑水燒

火，晚上就捏起人像來。他將自己從畫畫中得來的經驗運用到塑像上，常常塑好了又搗碎，搗碎了再塑。

過了幾個月，楊惠之終於把一個自己感覺滿意的塑像拿到了街上。那時正是趕集的時候，街上人很多，圍攏觀看的人們都說：「多好的一個爛泥菩薩呀！」楊惠之聽了很不高興，他沉着臉，把泥人摔成幾塊，頭也不回地走了。

又過了許多個日夜，楊惠之塑的泥像一個比一個好，但他又把它們搗爛重塑。他總是自言自話地說：「好！好得像個爛泥菩薩？哼！」

當時有個優人戲演得很好，名叫留杯亭，楊惠之在嘗試着給他塑像。完成後，楊惠之把塑像面對着牆壁立在鬧市之中，經過的人紛紛指着塑像的背影說：「看！留杯亭來了！」聽到這話，站在一旁的楊惠之終於會心地笑了。

後來，人們圍了一層又一層，都想看看留杯亭的面容，可當他們走近時，看到的卻是一個默默含笑的塑像。一位秀才搖頭晃腦地讚歎說：「百工當中，都

出了聖人，這楊惠之，也算是其中一聖了！」從此，
「塑聖」楊惠之的名字就傳開了。

　　楊惠之參與了當時長安、洛陽很多寺廟的佛像製
作。他善於塑羅漢像，他塑的羅漢形態逼真，如同真
人。他還首創了「壁塑」法，就是依照石壁的形狀，
塑造鬼神、人物、山水等，這種塑法對後代的雕塑家
有很大的啟發。

　　楊惠之之所以能成為一代雕塑巨匠，全是因為
他面對自己的不足，不灰心喪氣，面對別人的嘲笑，
也沒有失去信
心，反而更加
勤奮刻苦。這
種精神很值得
我們學習。

王叔遠的「神刻意雕」

微雕又稱米雕、細刻，它是中國傳統工藝美術中頗為精細的藝術之一。

這項工藝要求雕刻家必須擁有豐富的經驗，還要平心靜氣，注意力高度集中。因為在古代沒有顯微鏡、放大鏡之類的設備，進行微雕時眼睛又不頂用，只能憑深厚的功力和感覺運刀。於是，人們把這種絕技叫作「神刻意雕」。

明代的王叔遠就是一位著名的微雕能手，核舟是他的代表作。

王叔遠的手藝十分精巧奇妙，他能用一寸長的木頭，按照木頭的紋樣，雕刻出宮殿、房屋、器皿、人物、鳥獸和樹木等。這些微雕各具神態，惟妙惟肖。

據說在王叔遠小時候，依照「抓周」的習俗，父母在他面前擺了書、小刀、鑰匙、銀子等讓他抓，結果叔遠的小手毫不猶豫地抓住了那把小刀。人們以為他長大了會當兵打仗，但叔遠從不摸刀劍，而是常握着小刀，跑到村旁的樹林裏，一去就是一整天。那兒的一草一木，一蟲一鳥，對他來說都是寶貝。他細心地觀察各種鳥獸，然後把牠們刻在樹幹上、石頭上、果實的核上，刻出來的鳥獸小巧精緻，栩栩如生。

長大後，叔遠的手藝更加精妙。他曾經用一枚小小的桃核刻了一隻長2.9厘米、高2厘米的小舟。

這枚核舟用箬竹葉做船篷，船篷左右各有四扇窗戶，右邊刻着「山高月小，水落石出」，左邊刻着「清風徐來，水波不興」，而且窗戶還能開合呢！

船頭坐着三個人，中間戴着高高的帽子、滿臉鬍鬚的人是蘇東坡。佛印在他的右邊，黃魯直在他的左邊。蘇東坡、黃魯直坐在一起正在看一幅書畫橫幅，蘇東坡用右手拿着書畫的右端，左手輕輕地搭在黃魯直的背脊上。黃魯直左手拿着書畫的另一端，右手指着書畫，好像在說甚麼。蘇東坡露出右腳，黃魯直露出左腳，他們各自微微側着身子，互相靠近的兩個膝蓋，隱蔽在書畫下的衣褶裏面。佛印平放着右膝，豎起左膝，彎曲着右臂支撐在船上，左臂掛着清晰可數的佛珠。他的樣子很像彌勒佛，敞着胸襟，露出兩乳，旁若無人地望着天空。

船尾橫放着一支船槳，船槳的左右兩邊各有一

個船工。右邊的船工梳着椎形的髮髻，仰着臉，左手靠着一根橫木，右手扳着右腳指頭，好像在大聲呼叫的樣子。左邊的船工，右手拿着蒲葵扇，左手摸着爐子。爐子上面有個壺，那個人的眼睛正看着茶壺，神色平靜，顯出一副在聽茶水燒開了沒有的樣子。

　　這枚小核舟上，共有五個人，八扇窗，三十四個文字，船篷、船槳、爐子、茶壺、書畫橫幅、扇子、念珠各一件。如此奇妙的構思，如此巧奪天工的技藝，在古代微刻藝術品中是首屈一指的。

知識充電站

　　王叔遠將自己雕刻的核舟，贈給了好友 —— 明代文學家魏學洢，於是便有了《核舟記》。這篇出色的說明文細緻地描寫了核舟的樣子，語言平實洗練，逼真傳神。清代詩人陸次雲評價說：「刻核舟者神於技，記核舟者神於文。」

金絲楠木殿

在北京西郊，有一座恢宏壯麗的皇家園林，它是康熙皇帝賜給皇四子（即後來的雍正皇帝）的園林。由於康熙皇帝御筆親題了「圓明園」的匾額，所以這裏就叫「圓明園」。園中殿宇高敞，亭台緊湊，環境十分幽雅。目睹過完整圓明園的西方人，把它稱為「萬園之園」。

圓明園中，除了雍容華貴的建築、委婉多姿的江南園林和各種稀世文物外，在福海湖畔，還有一座奇特的楠木殿。整座大殿沒有用油漆漆過，卻光澤如鏡；沒有加任何雕飾，卻紋理精美。而且，一走進大殿，楠木發出的陣陣香氣撲鼻而來。這濃烈的香味，使蚊子、蒼蠅等小蟲子都沒法兒靠近。凡是到園中賞魚觀花的皇親貴戚，總要在這裏停上一陣。

原來，這座大殿是用木材中的罕見珍品 —— 昂

貴的金絲楠木修建成的。據記載，它是乾隆年間增修的，可那時並未採伐過楠木。那麼這些金絲楠木從何而來呢？故事還要從明代說起。

明代從明成祖朱棣起，每位皇帝都在昌平一帶修皇陵，每座陵外都有一座黃瓦紅牆的大殿，叫「享殿」。明末的崇禎皇帝，也不惜勞民傷財，為自己修建永陵，還用世間稀有的金絲楠木建造享殿。為了採集這些楠木，不少人成年累月在野獸成羣的深山老林中尋找，有的人被虎豹等猛獸所傷，還有的人跌下懸崖喪生。

後來，李自成率領農民起義軍打進了北京城，崇禎皇帝在煤山自盡了。當時，百姓想起修建皇帝陵墓時勞工們流血流汗的辛酸，羣情激憤，一氣之下，放火焚燒了那些享殿。奇怪的是，大火過後，只有永陵的享殿沒有被燒毀，經過一番煙熏火燎，它照樣散發着楠木的香氣。

據說，乾隆皇帝增修圓明園時，看中了永陵享殿

的金絲楠木，一心想把楠木弄來。但大學士紀曉嵐上書說：「《大清律》規定，挖掘祖墳者以砍頭論處。雖然皇上權力至高無上，但此舉事關重大，望陛下三思而後行。」

　　乾隆皇帝聽了，一時也不敢亂動，可金絲楠木弄不到手，他始終心裏不舒服，思來想去，突然心生一計。他馬上傳旨，調集全國的能工巧匠，大力修復被火燒過的永陵享殿，同時又傳密旨，派信得過的工匠用偷樑換柱的辦法，把永陵的金絲楠木撤換下來，用

它們修建了一座精美富麗的楠木殿。

　　這座楠木殿巍峨壯觀，飛檐翹脊，陣陣香氣襲人，是圓明園中的一大奇景。可惜的是，英法聯軍入侵北京，把圓明園燒成了一片灰燼，金絲楠木殿也在火海中變成了廢墟。

知識充電站

　　北京西北郊區泉水豐富，風景秀麗。早在金代，西山地區便已建立了名為「八大水院」的八處離宮，明代時在此營建了多處帶有園林的寺廟和私家園林。清代皇帝大規模擴建行宮，於是便有了今日仍可遊覽的「三山五園」——萬壽山、香山、玉泉山，頤和園、靜宜園、靜明園、暢春園和圓明園。

北海九龍壁

　　影壁是建在大門的外面或裏面，正對着大門，用來作為屏障的牆壁，俗稱「照壁」。

　　在風景如畫的北海公園，有一座很有特色的九龍壁。它建於乾隆二十一年（1756），至今已有兩百多年的歷史了。

　　這座九龍壁，由上、中、下三部分組成。下邊的青白玉石台基上是綠琉璃須彌座，中間是主體壁面，最上邊是琉璃筒瓦裝飾的廡殿頂。全壁用紅黃藍白青綠紫七色琉璃磚鑲砌而成，色彩絢麗，古樸大方，是清代琉璃結構建築中的傑作，不論是近看還是遠觀，都堪稱莊嚴精美。

　　你看，壁的東側面為江崖海水、旭日東升流雲紋飾，西側面為江崖海水、明月當空流雲紋飾。在前後兩面上，各有九條形態各異、飛騰戲珠的蟠龍浮雕。

山石、海水、流雲、日出、明月等彩色圖案，氣勢磅礴，襯托得一條條蟠龍活靈活現，栩栩如生。

如果繞着全壁細心地數，前後壁面上加起來共有十八條醒目的大型蟠龍，此外，還有六百一十七條小龍散佈各處。

這就奇怪了，既然被稱作「九龍壁」，為何壁上的龍遠遠超過了九條呢？據說，這和乾隆皇帝的好大喜功有關。

相傳有一天，乾隆皇帝在北海公園散步。突然，天空陰雲密佈，好像要下雨了。乾隆皇帝快步走向附近的一座亭子，剛進亭子，天空便電閃雷鳴，地上狂風大作，瞬間大雨傾盆而下。就在這時，一個隨從驚呼：「皇上您看，天邊有人駕着金龍過來了！」

乾隆皇帝順着隨從所指的方向看去，果然閃電過後，天空中留下了一道道金色的線條，遠看上去，就像一條條金龍。金龍上面的重重烏雲仿若人形，就像有人在駕馭着金龍一樣。

乾隆皇帝並未像隨從們那樣驚喜，而是一反常態地勃然大怒道：「何人如此膽大，竟敢駕龍！朕是真龍天子，他這不是騎在朕身上嗎？」隨從們一聽，嚇得大氣都不敢喘。

恰在這時，大臣劉統勳來了，他看到龍顏大怒，非常擔心這些隨從的安危。於是，他立即跪在乾隆皇帝面前，說：「恭喜皇上，這是好兆頭呀！」

乾隆皇帝疑惑地問道：「你說這話有甚麼憑據？」

劉統勳急忙答道：「當然有了。古語說『龍生九子』，皇上治理天下，萬民昌盛，以至於感動了上天，降下了無數龍子。可見，皇上不僅能統治人間，現在，連上天都在您的掌控中了，難道不可喜可賀嗎？」乾隆一聽，覺得很有道理，怒氣馬上就消了。

第二天，主管修建九龍壁的官員來匯報進度，並請示下一步的修建計劃。乾隆想着昨天的那一幕，便大手一揮，說：「壁上所刻龍的數目，不要有所限制，儘可能地多刻一些！」

　　那位官員充分地領悟了乾隆的心思，便在他認為能刻的地方都雕刻上龍圖，最後便有了九龍壁上的六百三十五條龍。

　　雖然九龍壁上刻了很多龍，但它還是以九條騰雲駕霧的大龍為主，因此，人們還是叫它「九龍壁」。

景泰藍

景泰藍，又名「銅胎掐絲琺瑯」。它是以紫銅做坯子，工藝師在坯子上面作畫，再根據所畫的圖案，用金絲或銅絲黏出相應的花紋，然後反覆燒磨、鍍金而成。它的製作既運用了青銅器和瓷器的工藝，又融入了傳統的繪畫和雕刻技藝，可以說，它是中國傳統工藝的結晶。這項工藝始於明代景泰年間，首創時只有藍色，它的普及還和景泰年間在位的明代宗朱祁鈺有關，所以叫「景泰藍」。

朱祁鈺是宣德皇帝的兒子，宣德皇帝很重視銅器的鑄造和欣賞，這讓朱祁鈺從小就對銅器製作很感興趣。每當摸着這些銅器時，他都愛不釋手。於是，朱祁鈺暗下決心：長大後，一定要像父皇那樣，製造出很多這樣精美的工藝品，並且比現在的還要好看。

那麼從何處改進呢？朱祁鈺百思不得其解。

有一天，朱祁鈺像往常一樣，面對一大堆五顏六色的工藝品發呆。沒看多久，他就被它們豔麗的顏色晃得眼睛發澀，心煩意亂。就在轉身要走的那一刻，他忽然靈機一動：這不就是自己苦苦尋找的答案嗎？

豔麗的色彩當然醒目，但看久了，就會覺得俗氣。為甚麼不讓它們變得素淡典雅、明麗而不失氣質呢？論氣質，純雅的藍色最能代表皇家的貴族氣質了。

朱祁鈺立即調色配料，經燒製後，第一個成品終於出窰了，在場的人都為它典雅高貴的氣質而感到驚訝。那一刻，朱祁鈺熱淚盈眶，喜不自禁，十幾年的努力終於換來了夢寐以求的一刻。

這時，忽然傳來皇帝哥哥朱祁鎮兵敗被俘的消息。太子幼小，舉國無首，兩年後，朱祁鈺登上皇位，年號「景泰」，他配製的顏色也被稱為「景泰藍」。他下令宮裏的所有御用器具，一律用他心愛的景泰藍。大臣們也紛紛開始仿效，這使景泰藍得到了很大的發展。

　　然而，八年後，哥哥朱祁鎮被釋放回京，誰來執掌皇權成了一個尷尬的問題。朱祁鈺希望自己的兒子能當政，這招致大臣們的竭力反對，一些大臣還聯合起來發動政變。結果朱祁鈺被幽禁在後宮，兩天後憂鬱而死。

　　但是，已被推廣開的景泰藍，並未隨這位皇帝的死去而消失。朱祁鎮的兒子成化皇帝也沒有因為繼位問題而記恨叔叔，反而不計前嫌，繼續把叔叔痴愛的景泰藍改進到爐火純青的地步。這也使我們今天領略到了一門精湛的藝術。

青花瓷的美麗傳說

　　青花瓷以它典雅的線條紋飾、秀麗精緻的造型和寶石藍般的色澤，傲然屹立在世界藝術品之林。

　　關於青花瓷的來歷，還有一個美麗的民間傳說呢。

　　相傳明代時，景德鎮上有一個叫廖青花的姑娘，她的未婚夫趙小寶是坯房裏專刻瓷坯的工匠。青花看見小寶每天拿着小鐵刀在做好的瓷坯上刻畫，手上都磨出了一層厚厚的老繭，就心疼地問：「這瓷器上的花如果用筆畫上去，不是更好嗎？」

　　小寶深深地歎了口氣，說：「唉！這個我早就想過了，可是至今我還沒找到一種適合畫瓷的顏料！」

　　青花聽後，暗暗下定決心，一定要想法找到這種顏料。她央求專門找礦的舅舅帶她去找顏料。一開始舅舅不同意，說找顏料太辛苦，女孩子吃不消，後來

106

在青花的百般懇求下，才勉強答應。第二天天剛亮，青花和舅舅就去青石山找顏料了。

光陰似箭，一晃三個月過去了，青花和舅舅還沒回來。小寶實在放心不下，就冒着寒風，踏着白雪，直奔青石山，去找青花和舅舅。小寶走了三天三夜，終於來到了山下。忽然，他看見前面山谷裏升起一縷青煙，頓時心頭一熱，就急忙朝冒煙的地方奔去。

原來，青煙是從一座破炭窰裏冒出來的。小寶鑽進破炭窰，發現裏面燃着微弱的炭火，窰的一角堆

滿了各色各樣的石料，旁邊還躺着一個衣衫破爛的老人。小寶仔細一看，這老人正是青花的舅舅。小寶又驚又喜，幾步衝上去，抱起老人就喊：「舅舅！舅舅！」

可是，舅舅已經被凍僵了，昏迷不醒。半晌，舅舅靠着小寶用身體傳給他的熱量，才漸漸甦醒過來。老人睜開眼，看見小寶，忙急促地比劃着說：「快！上山去……接青花……」

小寶順着舅舅所指的方向，拚命朝山上奔去，最終在山頂找到了青花凍僵的屍體。在青花身邊的雪地上，擺着一堆選好的石料，閃着藍色的光芒。小寶見狀，悲痛欲絕。最後，他含淚把青花埋葬在山頂，攙扶着舅舅回到了鎮上。

從此，他潛心研製畫料，將青花挖採出的石料細細研磨，配成顏料，用筆畫到瓷坯上，再用高溫燒製，瓷器上出現了青翠欲滴的藍色花朵，青花瓷誕生了。

青花瓷的出現，結束了我國瓷器以單色釉為主的局面，把瓷器推進到白瓷彩繪的時代，形成了濃郁的中國瓷器特色。後人為了紀念青花這種堅韌不拔的精神，就把瓷器上的藍花稱為「青花」，將燒造這種藍花的彩料起名為「青花料（廖）」。至今，人們還沿用着這個稱呼。

知 識 充 電 站

　　其實，廖青花的故事只是動人的民間傳說，並非真實歷史。青花瓷在唐代已經出現，產地在今河南鞏義，主要供外銷。到了元代，成熟的青花瓷出現在景德鎮。明清時期，青花瓷工藝走向鼎盛，在清康熙時期到達巔峯。

鬥彩筆筒

中國古代瓷器中，有一種名叫「鬥彩」的瓷器。

因為這種瓷器上面的綠色似豆青色，有人說應稱之為「豆彩」，還有人稱之為「逗彩」。據說，鬥彩瓷器出現於明代宣德年間，成化時期的鬥彩最受推崇。製作鬥彩時，先在素胎上畫好青花圖案，然後入窯燒製。燒成後，在空白處用低溫彩料填繪新的圖畫，再度入窯烘烤一番，這樣就成了鬥彩。

青花是整個鬥彩畫面的主色，空白的地方用花鳥魚蟲及人物做點綴，看起來既清秀飄逸，又不失樂趣。到清代時，主色青花越來越少，空白處逐漸繪上了有趣的人物、故事等。清代康熙年間製作的「陶三春故事圖筆筒」，就是鬥彩藝術品中典型的代表。

這個筆筒整體用鬥彩做裝飾，筆筒外壁上，繪着陶三春故事圖。圖中有一個庭院，一個侍從倚着門，

正在向外偷看着甚麼，門外的兩個侍從爭着奔逃，出去報信。陶三春一手揪着鄭恩的長鬍子，一手高舉着賣油梆子，做出要打的樣子。整個畫面十分生動有趣。

陶三春的故事，至今在京劇裏還保留着。

據說在五代時，江湖好漢鄭恩路過蒲城縣，因偷吃西瓜，遭到了看瓜女陶三春的痛打。鄭恩的義兄趙匡胤救出義弟後，見陶三春才貌出眾，便從中撮合，以賣油梆子做聘禮，讓三春與鄭恩訂了婚。

周世宗柴榮登基後，封趙匡胤為南平王，鄭恩為北平王，並恩准鄭恩與三春完婚。自從別離後，三春日夜思念鄭恩，欽差要她進京成婚，她騎了一頭小毛驢，急忙趕往京城。而鄭恩卻擔心三春過於彪悍，難以管束，所以想了個辦法，要滅滅三春的威風。

剛來到京城外的十里堡，三春就遇到了鄭恩派出的大將高懷德。高懷德喬裝成土匪，揚言要三春做他

的押寨夫人。三春大怒，與他激戰幾個回合，就將高懷德打下馬，並活捉了他。無奈的高懷德只好說了鄭恩指使他的實情。

三春聽後，大發雷霆，準備直接闖入皇宮，找鄭恩算帳。她把宮門外的那些御林軍打得落花流水。柴榮無奈，急忙命趙匡胤連夜去找鄭恩，讓他們成婚。高懷德回去後，鄭恩詢問十里堡戰果，高懷德撒謊說，他用暗箭把三春射下了馬。鄭恩聽後，以為滅了三春的威風，就放心地回府成婚去了。

鄭恩剛進洞房，就看見桌上放着賣油梆子，以為三春故意羞辱他出身低賤，於是叫丫鬟取家法懲治三春。忍無可忍的三春只好與鄭恩交手，幾下子就把鄭恩打倒在地，鄭恩掙扎着爬起來，跑出了洞房。

這時，趙匡胤正好趕來，三春當着他的面，立賣油梆子為鄭家家法，表示不會忘記以前的艱難。鄭恩立即賠禮認錯，夫婦握手言和。柴榮封三春為一品勇猛夫人，還允許她參與朝政。

　　一個小小的筆筒，上面繪製了一幅如此耐人尋味的故事圖。可見，中國瓷器不僅有外在的藝術魅力，還具有豐富的文化內涵。

皮影相會

　　皮影一般指皮影戲，道具是用堅韌的牛皮或驢皮製成的各式各樣的人物形象，每個人物的脖領和手腕處都有耍桿。表演時，先讓背光照射白色的帳幕，表演者操控着耍桿，讓人物做出各種動作，把影子投在帳幕上，再配上音樂和台詞，就成了皮影戲。

　　那麼，皮影是甚麼人在甚麼時候發明的呢？說起來，它的由來和漢武帝還有着不解之緣呢！

　　相傳，漢武帝最寵愛的妃子李夫人紅顏薄命，進宮沒幾年，就染病去世了。她死後，漢武帝非常思念她，常常祈禱能在夜裏夢見她，可越是想念，越是夢不見。為此，漢武帝經常在夜裏悄悄地流淚，連枕巾也被弄濕了。這樣沒過幾個月，漢武帝就生病了。

　　後宮的嬪妃們先是好言相勸，接着是藥療食補，

但漢武帝仍是一副失魂落魄的樣子，甚至連早朝也不能上了。大臣們看在眼裏，急在心裏。大家都知道，漢武帝得的是心病。有一位大臣推薦了一個叫李少翁的方士，說李少翁會一些神仙道術，很多人都去找他治病驅魔。漢武帝不太相信，但為了國家社稷，還是決定試一試。

見面後，漢武帝問李少翁：「朕很思念李夫人，有甚麼辦法能見到她嗎？」

李少翁答道：「可以，但陰陽相隔，只能遠遠地看。」

漢武帝高興地說：「不管怎樣，見一面就足夠了。」

到了夜晚，李少翁在宮裏掛了帷帳，帳旁點了很多蠟燭，擺上酒肉，讓漢武帝坐在另一面帷帳裏等待。片刻之後，漢武帝忽然看到對面帳內有一位美麗的女子，神態、舉止、容貌都非常像李夫人。

看到此景，漢武帝悲喜交加，流着淚對「李夫

人」說：「是你嗎？真的是你嗎？」

可是「李夫人」默默無語，只是抬起頭，似乎依依不捨地看着漢武帝。看到這裏，漢武帝早就忘了李少翁的話，起身奔向「李夫人」。可當他跑過去時，「李夫人」卻消失得無影無蹤。漢武帝悲痛地說：「為何你遲遲不來，來了後又走得這麼快？」

聽到這些，旁邊的大臣們也感動得流下了眼淚。大家一邊勸慰漢武帝，一邊把他攙回寢宮。調養了幾日後，漢武帝的病逐漸好了起來。

其實，漢武帝見到的「李夫人」，是李少翁用皮革等材料剪裁、繪製成的皮影，然後他借助蠟燭和帷帳，表演了前面的一幕。據說這就是最原始的皮影戲。

後來，隨着皮影戲的廣泛流傳，它逐漸成為一門融美術、歌舞、音樂於一體的民間藝術。它也是世界上最早由人配音的影畫藝術，還有人說皮影戲是最早的「電影」。

117

2006年5月20日，皮影戲作為中國民間的一門古老的傳統藝術，經國務院批准被列入第一批國家級非物質文化遺產名錄。2011年，皮影戲被聯合國教科文組織列入人類非物質文化遺產代表作名錄。

東吳三絕

　　刺繡，也叫「針繡」，多由婦女製作，所以又叫「女紅」。它是用引線的繡針把設計好的花紋繡在布帛上，以繡跡構成花紋圖案的一種工藝。

　　刺繡起源很早。相傳，舜曾命令大禹刺五彩繡。發展到唐代，刺繡融入了書畫的意境，精美絕倫，特別是蘇州的繡品，讓現代的繡工們也歎為觀止。

　　說起刺繡，不得不提到三國時東吳孫權的趙夫人。她的刺繡巧奪天工，獨創「東吳三絕」的奇技，是刺繡史上的一段美談。

　　當時，天下三分，各國經常出兵打仗。東吳的孫權很渴望有一位擅長繪畫的人，繪出一幅有山川地勢，供打仗、佈陣用的地圖。於是，謀臣趙達就把自己的妹妹進獻給孫權做了夫人。

　　趙夫人不僅善於繪畫，而且構思奇巧。她能在手

指間用彩絲織成錦，上面龍飛鳳舞，大的超過一尺，小的僅有一寸，人稱此技為「機絕」。

孫權讓趙夫人畫一幅九州形勢圖，趙夫人說：「紙畫不好保存，又容易褪色，我可以將它繡出來。」於是，趙夫人把地圖繡在一塊方形的絲帛上，上面還繡着五嶽、河海、城邑和佈陣的圖案，然後獻給孫權。孫權看了後，驚歎它是「針絕」，對這幅地圖愛不釋手。

孫權常常住在昭陽宮，因為江東的夏天極其潮熱，他為此很苦惱，就掛起了紫綃帷帳。趙夫人看見後說：「這紫綃帷帳算不上稀奇的東西。」孫權忙問為甚麼。

趙夫人答道：「我能織出一種帷帳，掛上它，不但看外面很清楚，而且清風會吹進來，連周圍的侍臣也覺得涼快呢！」孫權十分吃驚，因為他從沒有聽說過這樣的帷帳。

趙夫人派人找來一種神膠，這種神膠黏性很好，

能把斷了十幾次的弓弦接好。然後，她剪了一些自己的頭髮，小心地剖開髮絲，再把纖細的髮絲黏接起來，用它作絲線織成羅緞，最後將羅緞裁剪成帷帳，用了幾個月的時間才完工。

這帷帳有好幾丈長，晶瑩剔透，薄如蟬翼，掛起來時，它飄逸如煙，使房內變得清爽涼快，捲起後可以放在枕頭裏面，當時的人稱它為「絲絕」。孫權十分珍愛它，行軍時都隨身帶着，作為帳幕。

趙夫人「三絕」的故事，雖然帶有傳奇色彩，但她「絲絕」的精巧構思，直接啟發了蘇杭的「髮繡」——即以髮代線，利用頭髮細柔光滑的自然特性進行刺繡。整個繡面樸而不俗，別具魅力。「中國髮繡」堪稱世界藝苑中的一朵奇葩。

知識充電站

髮繡，是一種以人的頭髮代替絲線的刺繡，用作材料的頭髮需要經過細心選擇，並利用黑、白、灰、黃四色進行搭配。髮繡多運用接針、滾針、切針、纏針等針法，與民俗題材及繪畫相結合，繡製出的作品針跡細密，風格雅潔，深受人們的青睞。

121

李世民借年畫定民心

　　傳說，早在黃帝時，神荼和鬱壘這對兄弟擅長捉鬼。他們常在度朔山的桃樹下檢閱百鬼，把那些害人的惡鬼用草繩捆起來餵老虎吃。

　　漢代時形成了一種風俗——縣官於除夕夜在縣衙的大門上，用蘆繩懸掛桃木雕飾，並畫上老虎，來驅除那些所謂的凶鬼。唐初，秦王李世民為了安定民心，在城門上張貼猛將的畫像來避邪。到了宋代，隨着印刷術的普及，才逐漸出現了木版年畫。

　　早年還沒有當上皇帝時，李世民有一次率兵攻佔開封。由於連年戰亂，他看到的這座古城一片荒涼，破敗不堪，路邊到處都是餓死的人，這讓他十分震驚。當地的百姓還告訴他，由於常年的戰爭，這裏死了很多人。每到夜裏，城中常常鬧鬼，人們嚇得連門都不敢出，有時大白天也膽戰心驚。李世民心想：一

定是戰禍害得民不聊生，哪是甚麼鬼神作怪呀！

當晚，李世民在前朝老臣喬相國家中歇息，半夜他夢見了很多披頭散髮的鬼，個個大哭號叫，令他這個常在戰場上出生入死的人也起了一層雞皮疙瘩。其中有一個無頭鬼，居然抱住他的雙腿，向他索要甚麼。李世民一下子驚醒了，醒來後大汗淋漓，再也睡不着了。

接下來的好多天，李世民都是噩夢連連，夜裏無法安睡。大將秦瓊、尉遲敬德得知後，親自為李世民守夜。他們一個手持雙鐧，一個緊握金鞭，威風凜凜地站在門旁。說來真怪，自從他倆守夜以來，李世民再也沒有做過噩夢。

可是李世民愛將心切，不忍心讓秦瓊和尉遲敬德兩員虎將每晚都為自己站崗守夜。他靈機一動：何不把他們兩人的畫像貼在門口呢？這樣一方面可以讓愛將歇息，另一方面又可以驅鬼避邪。於是，他命令畫師畫了秦瓊和尉遲敬德的畫像，貼在自己的門上。他

還叫人在兩扇城門上也貼了畫像，以保百姓平安。

　　自從秦瓊、尉遲敬德的畫像貼在城門上後，開封城裏的百姓晚上安心多了。有人說，是畫像驅走了鬼魅。這種說法越傳越廣，越傳越神奇，時間一長，人們心中自然把畫像中的秦瓊、尉遲敬德當成了守護自己的「門神」。

後來，朱仙鎮的一位巧木匠，看到開封城門上的將軍畫像後，把它們刻在木版上，印了出來，銷往四面八方，門神像就這樣被傳開了。

如今過年時，在許多人家的大門上還可以看到怒目圓睜、面目猙獰的門神像。而且，隨着門神畫像用紙的講究、顏料的精選、題材的豐富，逐漸發展出各種各樣的年畫。

125

 知識充電站

過春節時，人們張貼的表現歡樂吉慶氣象的圖畫叫作「年畫」，它是中國特有的象徵性裝飾藝術，寄寓着人們對生活的美好祝願。

蘇州桃花塢、天津楊柳青、山東濰坊和四川綿竹，是我國最著名的四大民間木刻年畫產地，被譽為中國「年畫四大家」。其中桃花塢年畫和楊柳青年畫並稱為「南桃北柳」。

陳子昂做糖畫

糖畫，民間俗稱「倒糖餅兒」或「糖燈影兒」。顧名思義，它是用糖做成的畫，既可觀賞，又可當作美食。

據說，糖畫的大範圍傳播源於明代的「糖丞相」。那時每到過年，官宦大戶人家都要用模具印製糖獅、糖虎，以及丞相、將軍的形象，然後拿去做祭祀品。後來，這種技藝傳入民間，逐漸演化為糖畫。

民間藝人在「糖丞相」的基礎上改進工藝，巧妙地借鑒皮影、剪紙中的藝術形象，不用印鑄模具，改為直接操小銅勺，澆繪花鳥魚蟲、人物肖像和吉祥圖案等。從此，一門獨特的民間藝術 ——「倒糖餅兒」就誕生了。

自從糖畫產生以來，出現過許多藝人，而糖畫的發明，傳說與唐代的大詩人陳子昂有關。

陳子昂在家鄉四川時，很喜歡吃甘蔗加工成的黃糖。不過，這位才子的吃法與眾不同。他先將糖熔化，然後在清潔光滑的桌面上倒鑄成各種小動物和美麗的花朵形象。等糖凝固後，他將糖塊舉在手上，一邊賞玩一邊吃，雅致脫俗，趣味十足。

後來，陳子昂到京城長安遊學求官，因初到京師人地兩生，只做了個小官。閒着沒事時，他便用從家鄉帶來的黃糖澆糖影圖案，自得其樂，還能賣點錢補貼家用。

127

一天，陳子昂正在賞玩自己的「作品」時，宮中太監恰好帶着小太子路過。小太子看見陳子昂手中可愛的小動物，吵着要玩。太監得知這些小動物是用糖做的時候，便要了幾個給小太子，歡歡喜喜回宮去了。

誰知回宮後，小太子將糖吃完了，哭鬧着還要，哭聲驚動了皇上，太監只好如實回稟。皇上聽完原委，立即下詔，宣陳子昂進宮，並要他當場表演。

陳子昂便將帶去的黃糖熔化，在光潔的桌面上倒成一枚銅錢的形狀，用一支竹筷黏上，送到小太子手中，小太子立即破涕為笑。皇上心中一高興，脫口說：「原來是倒糖餅兒！」這就是「倒糖餅兒」這個叫法的由來。

陳子昂告老還鄉後，為了紀念皇上的恩遇，同時也因閒居無聊，便收了幾個徒弟，傳授此技。有的徒

弟乾脆以此為業，走街串巷，做起倒糖餅兒生意來。這倒糖餅兒生意雖小，但因曾經受過皇帝的賞識，所以十分受歡迎。吃的人越多，學的人也就越多，這種技藝從此就流傳下來。

　　現在，這種集民間工藝美術與美食於一體的手工藝術，不僅廣泛流行於中華大地，而且在近年來，糖畫以它獨特的風姿，頻頻走出國門，受到世界各國人民的歡迎。

129

　　　　陳子昂是初唐詩文革新人物之一，他的詩風骨崢嶸，寓意深遠，蒼勁有力，有「詩骨」之譽。他創作的古體詩《登幽州台歌》堪稱絕唱，廣為流傳——

　　　　前不見古人，後不見來者。

　　　　念天地之悠悠，獨愴然而涕下！

陸羽以身許茶

俗話說：開門七件事，柴米油鹽醬醋茶。可見，茶是中國人日常生活中不可缺少的一部分。

古人不僅喜歡品茶，而且在選茶、備器、擇水、取火、候湯、習茶的過程中，形成了一門獨特的茶藝術。

說起茶藝，不得不提起「茶聖」陸羽。

陸羽是唐代著名的才子，他的出身很苦，是一個孤兒。當時的竟陵（今湖北天門）有一座龍蓋寺，住持法號「智積」。有一次，智積路過竟陵西門，在湖畔撿到一個被遺棄的男嬰，抱回寺院收養，取名「陸羽」。後來，他又將陸羽託付給寺西村的李公撫養。

陸羽八歲時，由於李公去江南做官，他只好回到龍蓋寺。智積很喜歡品茶，他教陸羽的第一件事，就是如何煮茶和品茶。小陸羽極有天賦，很快就對茶

葉的品種、用途、傳說等瞭如指掌，而且漸漸掌握了煮茶、品茶的技藝。天長日久，他的水平甚至超過了智積。

智積很疼愛這位徒弟，希望他好好學習佛經，做個好和尚。可是，陸羽一點兒也不喜歡枯燥的經書，相反，他對詩詞比較感興趣，並想下山學習。就這樣，他與師父鬧翻了。口吃的他，還經常被師兄弟們欺負，最後他乘人不備，從龍蓋寺逃了出來。

為了維持生活，陸羽加入了一個戲班，四處演出，慢慢成了一個名角。有一次，竟陵太守李齊物請客聚會時，看到了陸羽出眾的表演，十分欣賞他的才華和抱負，當即贈送他詩書，還推薦他去火門山，向鄒夫子學習文化知識。

五年後，陸羽學成歸來，他與被貶到竟陵做太守的崔國輔成了好朋友。他倆經常在一起遊山玩水，品茶談詩。崔公勸他做官，但陸羽婉言謝絕了。對功名利祿不感興趣的陸羽，早已經迷上了茶藝。

　　天寶十年（751），二十一歲的陸羽開始了對茶的考察遊歷。他跋山涉水，餓了啃乾糧，渴了喝茶水。每到一處，他都要向村裏的老翁耐心地請教，然後將當地的茶葉製成標本，再詳細地寫一份筆記。

　　經過五年的努力，陸羽帶着沿途採來的標本回到了竟陵。隨後，他潛心整理出考察遊歷的見聞和紀錄，最終寫成了《茶經》。

　　至今，人們都認為，陸羽寫的《茶經》是世界上第一部茶學專著。

　　《茶經》問世後，陸羽名揚海內，唐代宗也慕名召見他，並有意留他在京做官，但他辭謝了。之後，他繼續周遊各地，一生都在推廣茶藝。

　　從陸羽身上我們可以看出，一個人只要堅定自己的信念，不畏艱險地去拚搏，最終都會實現自己的理想。

133

知 識 充 電 站

　　《茶經》分為上、中、下三卷，由茶的本源、製茶器具、茶的採製、煮茶方法、歷代茶事、產地等十章內容組成。自上古神農氏至唐代中葉數千年間，有關茶的資料，盡在其中。

曹雪芹傳播風箏藝術

《紅樓夢》的作者是清代文人曹雪芹。他學識淵博，多才多藝。

他不僅小說、詩詞寫得好，而且擅長繪畫和手工製作。尤其對風箏的紮糊、繪製和起放，有着獨到的研究和豐富的經驗。這在《紅樓夢》裏就有所反映，第七十回中，就描寫過春日放風箏的情景，還記述了各式各樣的風箏，如寶琴的大紅蝙蝠風箏、寶釵的七隻大雁風箏、寶玉的美人風箏、探春的鳳凰風箏等。

曹雪芹從小就喜歡做風箏、放風箏。他小時候生活在南方，後來又到了北京，所以對南北方的各種風箏都很熟悉。

大約在乾隆十九年（1754），曹雪芹從北京城裏移居到了西郊的香山，生活十分窮困，靠賣畫維持生計，有時還紮糊一些風箏。他紮的風箏，不僅有燕

子、蝴蝶、螃蟹等動物圖案，還有人物紋飾，製作精巧，彩繪奇絕，五光十色，受到了人們的讚賞。

曹雪芹的朋友于叔度，是個跛腳的殘疾人。有一天，于叔度來看望曹雪芹，告訴曹雪芹，家裏都快窮得連飯都吃不上了，每天小孩子哭着喊餓，老人們哆嗦着叫冷，眼下真是痛苦又無奈。但他聽說，城裏有些富家公子，買一個風箏就花幾十兩銀子，那足夠他家半年的開銷！

曹雪芹聽着于叔度的抱怨，想到自己家中還有些細竹和紙，於是，就紮了幾隻風箏送給于叔度，讓他去賣。于叔度上街試賣，居然小賺一筆，解了燃眉之急。後來，曹雪芹常常到于叔度那裏走一走，教他紮糊風箏，還為他設計新的樣式。從此，于叔度就以製作、售賣風箏為業，不僅靠它養家餬口，而且漸漸成為遠近聞名的風箏藝人。

除了于叔度外，曹雪芹還教過敦惠紮風箏。敦惠也是一位殘疾人，腿有病，但他心靈手巧，很快就學

出了名堂，名聲越來越響。後來他被請到宮中，專門給皇親國戚做風箏。他的後人也以此為業，據說，近代的著名風箏藝人金福忠，就是他的後代。

曹雪芹不僅幫助于叔度和敦惠掌握了一門謀生的手藝，還把自古以來有關風箏的資料和前輩的製作經驗搜集起來，並加以整理歸納，最終寫成了《南鷂北鳶考工志》一書。

在這部書中，曹雪芹詳細地講述了風箏起放的原理，風箏的種類和紮糊、繪畫的方法等。為了便於傳授，他繪製了不少彩色的圖譜，並寫了歌訣，還註明了畫法。

曹雪芹的風箏書稿，雖然沒有被刻印出來，但經人傳抄，加上于叔度、敦惠等人的傳播，他的風箏圖譜和製法在北京廣泛流傳。據說，新中國成立前，北京幾家著名的風箏店，用的都是曹雪芹繪製的圖案，可見他對風箏藝術的影響十分深遠。

137

知識充電站

放風箏作為我國古代清明節的習俗之一，已經流傳很久了，所以清明節也叫「風箏節」。

除了娛樂以外，放風箏還有一個目的，就是為了讓人們除掉身上的晦氣。當風箏高高飛上天空後，人們就把線剪斷，然後讓風箏遠遠飛走，據說這樣可以帶走人們身上的煩惱和病痛。

責任編輯：劉萄諾
裝幀設計：鄧佩儀
排　　版：鄧佩儀
印　　務：劉漢舉

我們的國粹
藝術小故事

編著 ◎ 王　倩　雷紫翰　馬曉萍

出版 | 中華教育

香港北角英皇道 499 號北角工業大廈 1 樓 B 室

電話：(852) 2137 2338 傳真：(852) 2713 8202

電子郵件：info@chunghwabook.com.hk

網址：http://www.chunghwabook.com.hk

發行 | 香港聯合書刊物流有限公司

香港新界荃灣德士古道 220-248 號 荃灣工業中心 16 樓

電話：(852) 2150 2100　傳真：(852) 2407 3062

電子郵件：info@suplogistics.com.hk

印刷 | 美雅印刷製本有限公司

香港觀塘榮業街 6 號海濱工業大廈 4 字樓 A 室

版次 | 2022 年 11 月第 1 版第 1 次印刷

©2022 中華教育

規格 | 16 開（210mm x 145mm）

ISBN | 978-988-8808-54-0